高等学校计算机应用规划教材

C语言程序设计习题与实验指导

张 颖 李少芳 编著

清华大学出版社
北 京

内 容 简 介

本书是《C 语言程序设计基础教程》(ISBN：978-7-302-55694-7)配套的参考书，内容共有 11 章。第 1~9 章主要介绍了本章重点与难点、知识点概括、习题及上机实验，每个实验 2 个学时，教师可以根据学时安排酌情选用；第 10 章设计了 7 套模拟试卷，方便学生在课程考试前自测学习效果；第 11 章提供了一个详细的课程设计报告范例，供教师与学生参考，旨在通过完成课程设计提高学生处理综合问题的能力。

本书内容简单易懂，各章知识点总结精炼，知识结构组织合理，前后联系紧密，实验内容由浅入深，前后知识的连贯性好，并把实验内容和计算机二级等级考试相结合，使初学者能够在有限的学时内掌握 C 语言程序设计的基本技能，学会编写规范、可读性好的 C 语言程序，快速有效地掌握 C 语言程序设计方法。

本书是 C 语言程序设计编程入门教科书，既可以作为高等学校计算机及相关专业 C 语言课程的教学用书，也可以供学习 C 语言的读者自学使用。

图书在版编目(CIP)数据

C 语言程序设计习题与实验指导 / 张颖，李少芳 编著. —北京：清华大学出版社，2020.6（2025.8重印）
高等学校计算机应用规划教材
ISBN 978-7-302-55790-6

Ⅰ.①C… Ⅱ.①张… ②李… Ⅲ.①C 语言－程序设计－高等学校－教学参考资料 Ⅳ.①TP312.8

中国版本图书馆 CIP 数据核字(2020)第 103155 号

责任编辑：王 定
封面设计：高娟妮
版式设计：孔祥峰
责任校对：马遥遥
责任印制：杨 艳

出版发行：清华大学出版社
网 址：https://www.tup.com.cn, https://www.wqxuetang.com
地 址：北京清华大学学研大厦 A 座 **邮 编：**100084
社 总 机：010-83470000 **邮 购：**010-62786544
投稿与读者服务：010-62776969，c-service@tup.tsinghua.edu.cn
质 量 反 馈：010-62772015，zhiliang@tup.tsinghua.edu.cn
印 装 者：三河市君旺印务有限公司
经 销：全国新华书店
开 本：185mm×260mm **印 张：**12.75 **字 数：**309 千字
版 次：2020 年 8 月第 1 版 **印 次：**2025年 8 月第 3 次印刷
定 价：49.80 元

产品编号：086888-02

本书编委会

前　言

本书是《C 语言程序设计基础教程》(ISBN：978-7-302-55694-7)配套的参考书，内容共有11 章。第 1~9 章主要介绍了本章重点与难点、知识点概括、习题及上机实验，每个实验 2 个学时，教师可以根据学时安排酌情选用；第 10 章设计了 7 套模拟试卷，方便学生在课程考试前自测学习效果；第 11 章提供了一个详细的课程设计报告范例，供教师与学生参考，旨在通过完成课程设计提高学生处理综合问题的能力。

本书是C语言程序设计编程入门教科书，适用于理工类学生程序设计基础编程能力的培养。内容简单易懂，各章知识点总结精炼，知识结构组织合理，前后联系紧密，实验内容由浅入深，前后知识的连贯性好，并把实验内容和计算机二级等级考试相结合，使初学者能够在有限的学时内掌握 C 语言程序设计的基本技能，学会编写规范、可读性好的 C 语言程序，快速有效地掌握 C 语言程序设计方法。

本书由张颖和李少芳编著，具体分工如下：第 8~9 章及课程设计、模拟试卷一至模拟试卷三的内容由李少芳编写，其他内容由张颖编写，全书由张颖负责统稿。本书的成功出版离不开莆田学院和清华大学出版社的大力支持和鼓励。在文稿组织、案例选择以及实验的设计与验证上得到莆田学院信息工程学院“C 语言程序设计”课程组和“程序设计基础(C/C++)”课程组各位同事的鼎力帮助，在此一并表示深深的谢意。

由于编写时间仓促，书中若有不足之处，希望读者能够不吝指教。

本书提供上机实验参考答案、习题参考答案及模拟试卷参考答案，读者可扫描下方二维码获取。

上机实验
参考答案

习题
参考答案

模拟试卷
参考答案

编　者

2020 年 4 月于莆田学院

目 录

第 1 章 C/C++集成开发环境……1
1.1 C/C++开发环境简介……1
1.1.1 Visual C++开发环境……2
1.1.2 Dev C++开发环境……4
1.2 上机实验……6
1.2.1 实验目的……6
1.2.2 实验内容……6
1.3 习题……7
1.3.1 选择题……7
1.3.2 填空题……8

第 2 章 基本数据类型与运算……9
2.1 基本知识……9
2.1.1 C语言基本数据类型……9
2.1.2 常量……10
2.1.3 变量……11
2.1.4 运算符与表达式……11
2.1.5 常用数学函数……12
2.1.6 格式化输入/输出函数……13
2.1.7 字符输入/输出函数……14
2.2 上机实验……14
2.2.1 实验目的……14
2.2.2 实验内容……15
2.2.3 实验思考……17
2.3 习题……17
2.3.1 选择题……17
2.3.2 填空题……19

第 3 章 结构化程序设计……21
3.1 基本知识……21
3.1.1 顺序结构……22
3.1.2 选择结构……22
3.1.3 循环结构……23
3.1.4 程序举例……24
3.2 顺序结构上机实验……26
3.2.1 实验目的……26
3.2.2 实验内容……26
3.2.3 实验思考……26
3.3 选择结构上机实验……27
3.3.1 实验目的……27
3.3.2 实验内容……27
3.3.3 实验思考……28
3.4 循环结构上机实验(一)……28
3.4.1 实验目的……28
3.4.2 实验内容……28
3.4.3 实验思考……29
3.5 循环结构上机实验(二)……30
3.5.1 实验目的……30
3.5.2 实验内容……30
3.5.3 实验思考……30
3.6 习题……31
3.6.1 选择题……31
3.6.2 程序填空题……35

第 4 章 数组……39
4.1 基本知识……39
4.1.1 一维数组……39
4.1.2 二维数组……40
4.1.3 字符数组和字符串……41
4.2 数组上机实验……43

4.2.1 实验目的……43
4.2.2 实验内容……43
4.2.3 实验思考……44
4.3 字符数组上机实验……44
4.3.1 实验目的……44
4.3.2 实验内容……44
4.3.3 实验思考……45
4.4 习题……45
4.4.1 选择题……45
4.4.2 程序填空题……49

第5章 函数……55
5.1 基本知识……55
5.1.1 函数的定义……55
5.1.2 函数的调用……55
5.1.3 函数的声明……56
5.1.4 函数的返回值……56
5.1.5 函数的参数传递……56
5.1.6 函数的递归调用……57
5.1.7 变量的存储类型和作用域……57
5.1.8 外部函数……58
5.2 函数上机实验(一)……58
5.2.1 实验目的……58
5.2.2 实验内容……58
5.2.3 实验思考……60
5.3 函数上机实验(二)……60
5.3.1 实验目的……60
5.3.2 实验内容……61
5.3.3 实验思考……62
5.4 习题……62
5.4.1 选择题……62
5.4.2 程序填空题……67

第6章 指针……73
6.1 基本知识……73
6.1.1 地址和指针变量……73
6.1.2 指针变量的运算……74
6.1.3 指针与一维数组……74
6.1.4 指针与二维数组……74
6.1.5 指针与字符数组……75
6.1.6 指针作为函数参数……76
6.2 指针上机实验……76
6.2.1 实验目的……76
6.2.2 实验内容……76
6.2.3 实验思考……78
6.3 习题……78
6.3.1 选择题……78
6.3.2 程序填空题……81

第7章 结构体和共用体……87
7.1 基本知识……87
7.1.1 结构体……87
7.1.2 共用体……90
7.1.3 枚举类型……91
7.1.4 类型定义typedef……91
7.2 结构体上机实验……92
7.2.1 实验目的……92
7.2.2 实验内容……92
7.2.3 实验思考……94
7.3 习题……95
7.3.1 选择题……95
7.3.2 程序填空题……98

第8章 文件……101
8.1 基本知识……101
8.1.1 C文件概述……101
8.1.2 文件的打开……101
8.1.3 文件的关闭……102
8.1.4 文件的读/写……102
8.1.5 文件的定位……104
8.2 文件上机实验……105
8.2.1 实验目的……105
8.2.2 实验内容……105
8.2.3 实验思考……106
8.3 习题……106

第9章 面向对象基础……115
9.1 基本知识……115
9.1.1 C++编程基础……115
9.1.2 类和对象……117

9.1.3 成员函数……118
9.1.4 构造函数和析构函数……118
9.2 C++输入/输出上机实验……120
9.2.1 实验目的……120
9.2.2 实验内容……120
9.3 类与对象上机实验……121
9.3.1 实验目的……121
9.3.2 实验内容……121
9.4 类的封装性上机实验……123
9.4.1 实验目的……123
9.4.2 实验内容……123
9.5 构造函数和析构函数上机实验……124
9.5.1 实验目的……124
9.5.2 实验内容……124
9.6 习题……126
9.6.1 选择题……126
9.6.2 填空题……128

第 10 章 模拟试题……129
模拟试卷一……129
模拟试卷二……135
模拟试卷三……142
模拟试卷四……149
模拟试卷五……156
模拟试卷六……162
模拟试卷七……169

第 11 章 C 语言程序设计课程设计报告范例……177

参考文献……191

第 1 章 C/C++集成开发环境

C 语言程序的编译与运行

- 源程序：用汇编语言或高级语言编写的程序(需经“翻译”处理)。
- 翻译程序：将源程序译成目标程序或可执行指令的程序。
- 目标程序：经翻译程序翻译生成的程序。
- 可执行程序：经连接程序处理过的程序。

C 语言是一种通过编译程序处理的高级程序设计语言，其上机处理流程如图 1-1 所示。

(1) 编辑 C 语言源程序：在确定了问题的解决方案后，可以用 C 语言系统提供的编辑功能编写一个 C 语言源程序，源程序的扩展名为.c。

(2) 编译 C 语言程序生成目标程序：由于计算机只能识别和执行由 0 和 1 组成的二进制文件，而不能识别和执行用高级语言编写的源程序，所以必须先用 C 语言系统的编译程序(即编译器)对其编译，以生成以二进制代码形式表示的目标程序，目标程序的扩展名为.obj。

(3) 连接生成可执行程序文件：将目标程序与系统的函数库以及其他目标程序进行连接装配，才能形成可执行程序文件，可执行程序文件的扩展名为.exe。

(4) 运行可执行程序文件：将可执行程序文件调入内存并运行，得到程序的结果。

源程序(.c) —— 目标程序（.obj） 可执行程序(.exe)
编译 连接

图 1-1 编译过程

1.1 C/C++开发环境简介

C 语言编译器可以分为 C 和 C++两大类，其中 C++是 C 语言的超集，均向下支持 C 语言。事实上，编译器的选择不是最重要的，它们都可以完成基本的 C 语言编译。不过在面向考试的时候，还是要根据考试的要求进行开发，因为不同编译器的编译结果存在一定差别，特别是在一些复杂语法的语句编译上。以下介绍 Visual C++6.0 和 Dev C++的使用方法。

1.1.1 Visual C++开发环境

Visual C++是 Windows 环境下功能强大且流行甚广的程序设计语言之一。Visual C++集成开发环境包括程序自动生成向导 AppWizard、类向导 Class Wizard、各种资源编辑器以及功能强大的调试器等可视化和自动化编程辅助工具。

下面介绍在 Visual C++ 6.0 软件中如何调试、连接和运行 Visual C++应用程序项目。具体步骤如下。

(1) 双击运行 VC++6.0 软件。VC++6.0 主窗口如图 1-2 所示。

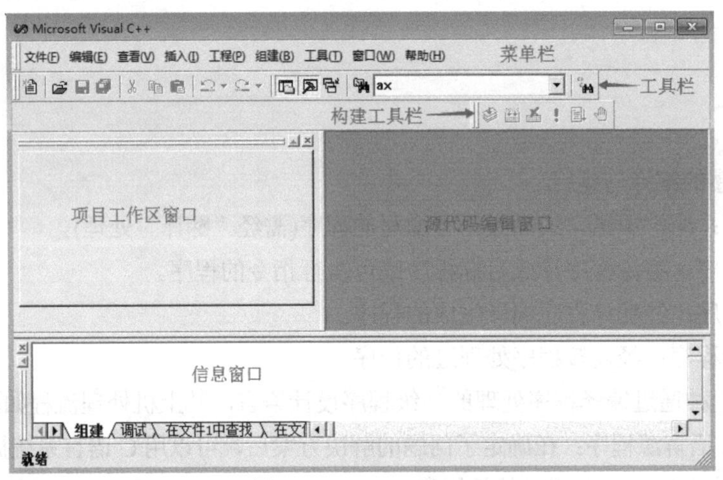

图 1-2 VC++6.0 窗口

(2) 创建源程序文件。选择“文件”菜单中的“新建”命令，单击打开“文件”选项卡下的 C/C++ Source File，然后填写文件名，文件扩展名为.c(C 源文件)或.cpp(C++源文件)，“位置”选择已建好的文件夹，如图 1-3 所示。

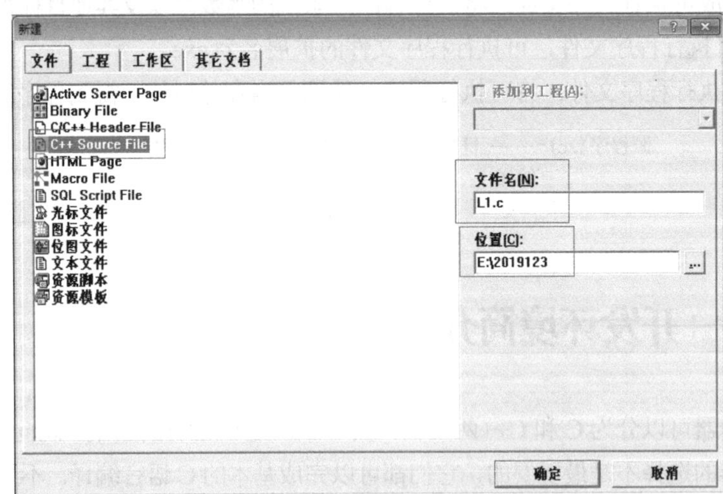

图 1-3 “新建”对话框

(3) 输入相应的 C 或 C++源程序代码，并保存。

(4) 单击编译微型条上的编译按钮，弹出如图 1-4 所示对话框，单击“是”按钮，将会生成工作区文件，在如图 1-5 所示的调试信息窗口中出现 L1.obj-0 error(s),0 Warning(s)，表示编译正确，生成 L1.obj 目标文件。

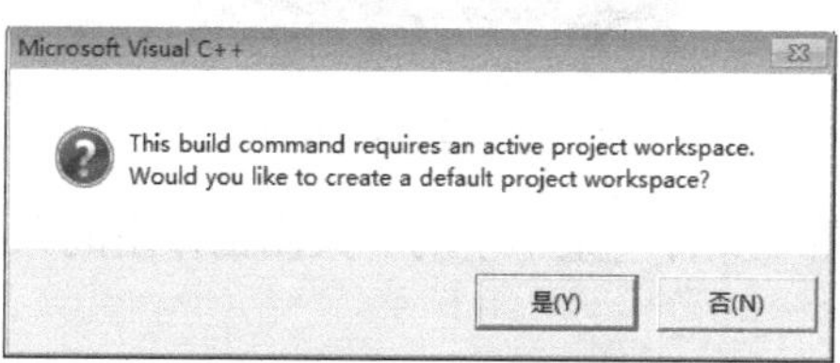

图 1-4　生成工作区提示

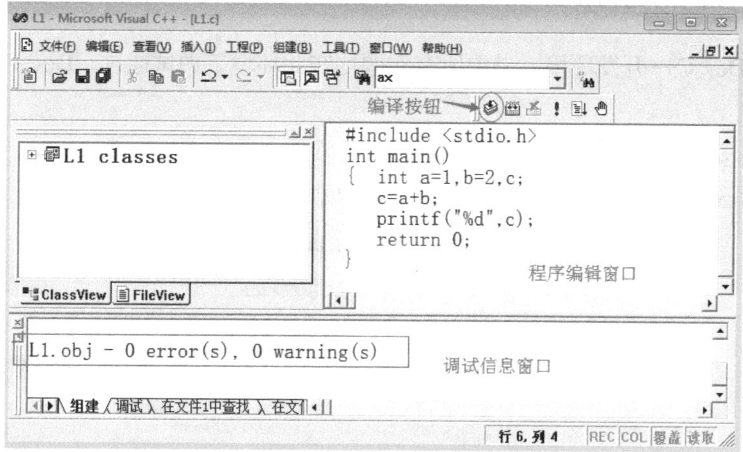

图 1-5　编译源程序

若信息窗口显示有 error(s)(错误)，如图 1-6 所示，则需要对程序进行修改。双击错误信息，光标会回到编辑窗口中错误程序所在行或附近行，修改好后再重新编译；若显示的是 warning(s)(警告)，则不影响生成目标文件，但也建议先修改再编译。

```
--------------------Configuration: L1 - Win32 Debug--------------------
Compiling...
L1.c
E:\2019123\L1.c(5) : error C2146: syntax error : missing ';' before identifier 'printf'
执行 cl.exe 时出错.

L1.obj - 1 error(s), 0 warning(s)
```

图 1-6　错误信息显示窗口

(5) 单击编译条上的连接按钮，当信息窗口出现如图 1-7 所示的情况，表示连接成功，生成可执行文件 L1.exe。

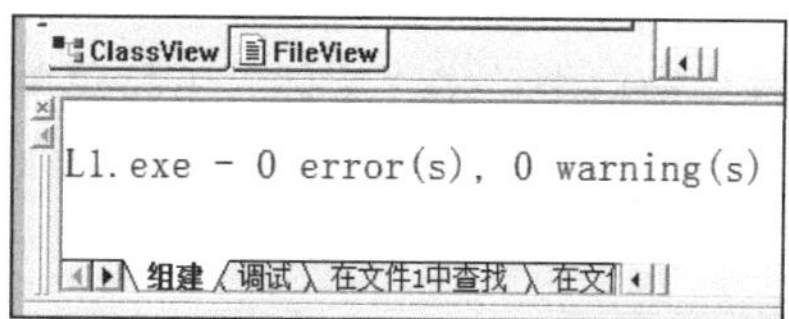

图 1-7　连接成功，生成可执行文件

(6) 单击编译条上的运行按钮 ❗，自动弹出运行窗口，显示运行结果或等待用户输入数据，如图 1-8 所示，然后按任意键继续返回编辑窗口。

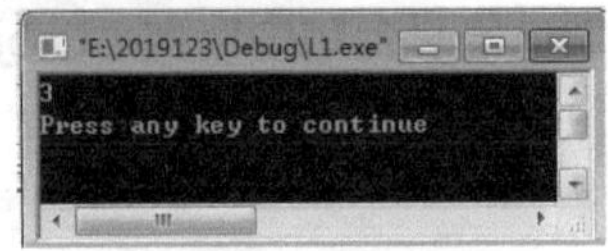

图 1-8　运行结果窗口

(7) 关闭工作空间。单击“文件”菜单下的“关闭工作空间”命令，再返回第(2)步新建其他工作区。

1.1.2　Dev C++开发环境

本书选择 Dev C++开发环境，书中所有例题均在此环境下调试通过。Dev C++软件的使用方法如下。

(1) 软件的安装与设置。第一次使用 Dev C++软件，通常会提示语言选项，默认为英语，安装后可以重新选择中文设置，如图 1-9 所示。初始安装后，默认的字号很小，可以选择“工具”菜单下的“编辑器选项”按钮对字体字号进行设置，如图 1-10 所示。

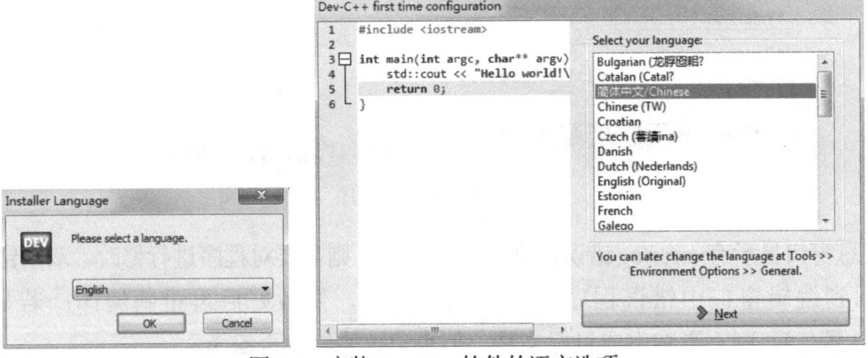

图 1-9　安装 Dev C++软件的语言选项

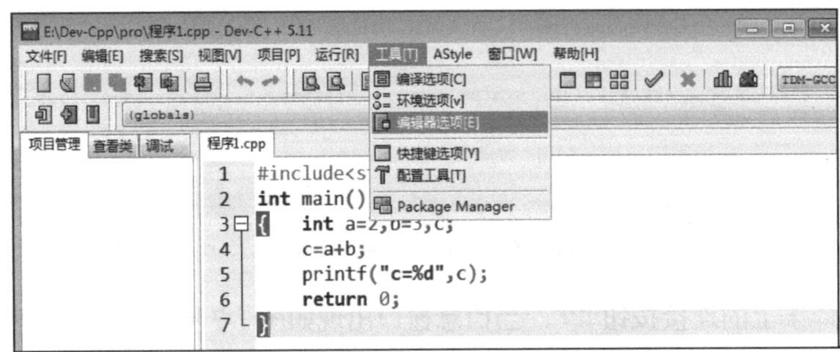

图 1-10　Dev C++软件编辑选项设置

然后在弹出的“编辑器属性”窗口中单击“字体”下拉菜单修改字体，在“大小”下拉列表框中修改字号大小，如图 1-11 所示。

图 1-11　Dev C++软件编辑选项的字体设置

(2) 源程序文件的创建。选择“文件”菜单下的“新建”命令，选择“源代码”可创建源文件。

(3) 源程序文件的编辑与保存。新建源程序后，在编辑窗口编辑源程序，然后选择“文件”菜单下的“保存”命令进行保存，可以保存为.c 或.cpp 源程序，如图 1-12 所示。

图 1-12　源程序文件的保存

(4) 源程序文件的编译运行。保存后可通过“运行”菜单下的“编译”和“运行”命令进行编译和运行，或者直接选择“编译运行”命令；也可以单击编译运行工具条上的快捷按钮“编译(F9)”“运行(F10)”或“编译运行(F11)”程序，如图 1-13 所示。

图 1-13　Dev C++程序的编译运行工具条

若程序有错误，错误信息显示在编译器里，可通过错误提示修改程序，如图 1-14 所示。

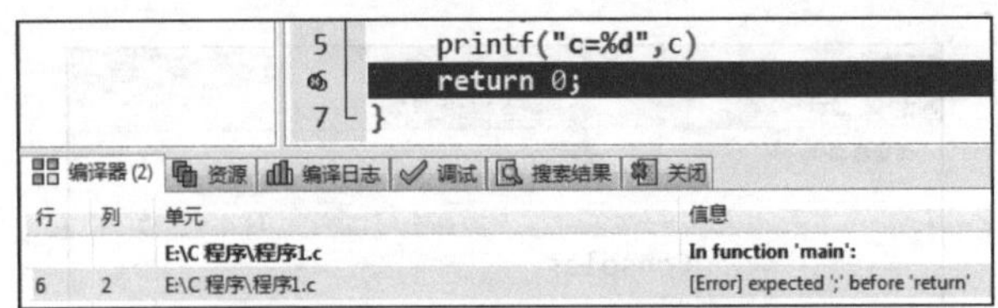

图 1-14　编译器显示错误信息

编译运行成功后弹出运行结果窗口，显示运行结果，如图 1-15 所示。

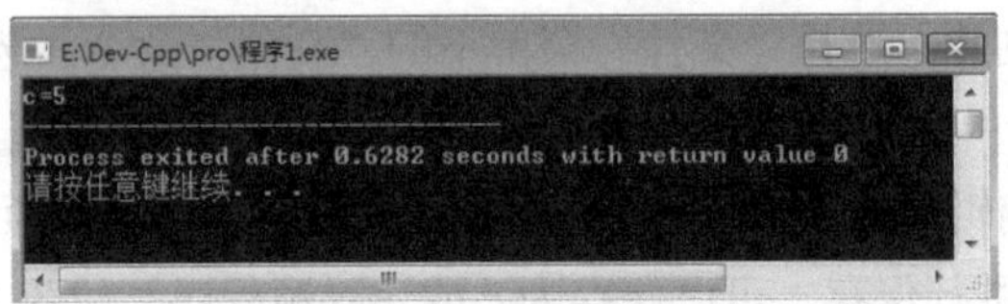

图 1-15　运行结果窗口

1.2　上机实验

1.2.1　实验目的

1. 初步了解所用的计算机系统的基本操作方法，学会独立使用该系统。
2. 熟悉 C 语言程序的编译、连接和运行的过程。
3. 通过运行简单的 C 语言程序，掌握和理解 C 语言程序的特点和结构。

1.2.2　实验内容

1. 熟悉 C/C++开发环境。

具体步骤如下：

(1) 在磁盘上新建文件夹，用自己的学号或班级姓名命名，如 E:\2019123。

(2) 运行 VC++6.0 或 Dev C++软件。

(3) 创建源程序文件 C 或 C++ Source File，将文件命名为 L1-1.c 或 L1-1.cpp 文件，位置选择已建好的文件夹。

(4) 输入相应的 C 或 C++源程序代码，并保存。

(5) 单击编译微型条上的编译、连接、运行按钮，运行后观察运行结果。

2. 输入以下 C 语言程序，熟悉 C 语言程序的编译、连接和运行的过程，并观察运行结果，文件名为 L1-2.c。

```
#include <stdio.h>
int main()
{   printf("How are you!\n");
    return 0;
}
```

试一试自己制造一些错误，注意观察错误信息提示，例如：

(1) 把 main()改为 mian();。

(2) 把 printf 改成 print;。

(3) 去掉语句后分号;。

以上均为初学者在编程时常犯的错误，需要多加注意。

3. 编写一个 C 语言程序，输出以下信息，注意：上下两行的═══════也要输出，程序命名为 L1-3.c。

```
══════════════
    Hello，World!
══════════════
```

4. 编写程序将 523.4562 赋给变量 a，26.2453 赋给变量 b，求其和、差、积、商并输出，程序命名为 L1-4.c。

5. 由键盘输入圆的半径，求圆的面积，其中 π 的值取 3.14159，并定义符号常量表示，程序命名为 L1-5.c。

1.3 习题

1.3.1 选择题

1. 下列叙述正确的是(　　)。

   A. C 程序的复合语句由{ }括起来　　B. C 程序中每一行必须有一个分号

   C. C 程序中的函数体由( )括起来　　D. C 程序中的语句块由＜＞括起来

2. 下列叙述正确的是(　　)。

   A. 注释部分在 C 源程序可独占一行，也可跟在一行语句的后面

   B. 花括号{ }只能用作复合语句的定界符

   C. 函数是 C 源程序的基本单位，所有函数名都可以由用户命名

   D. 分号是 C 语句之间的分隔符，并不表示一条语句的结束

3. 下列叙述正确的是(　　)。

   A. 注释部分只能单独占用一行，不能跟在一行语句的后面

   B. 函数体的定界符只能用一对花括号{ }

   C. C 源程序中每一行就是一条语句

   D. C 源程序都是从 main()函数开始执行，所以 main()函数必须位于程序文件最前面

4. main()函数的位置(　　)。

   A. 必须位于程序文件的最前面

   B. 必须位于用户自定义函数的前面

   C. 可位于用户自定义函数之前，也可位于用户自定义函数之后

D. 必须位于C库函数的后面

5. 下列叙述正确的是(　　)。

A. C程序一行内可以有多条语句　　B. C程序中语句的结束符号为逗号

C. C程序中的注释行只能占用一行　　D. C程序中的变量可以先使用后定义

6. 下面叙述正确的是(　　)。

A. 程序中必须包含输入语句　　B. 变量按所定义的类型存放数据

C. main函数必须位于文件的开头　　D. 每行只能写一条语句

7. 一个C语言源程序是由(　　)。

A. 一个主程序和若干子程序组成　　B. 函数组成

C. 若干过程组成　　D. 若干子程序组成

8. 下面叙述错误的是(　　)。

A. C源程序可由一个或多个函数组成

B. C源程序必须包含一个main()函数

C. 一个C源程序的执行是从main()函数开始，直到main()函数结束

D. 注释说明部分只能位于C源程序的最前面

9. 下面叙述错误的是(　　)。

A. 若一条语句较长，可分写在下一行或多行上

B. 构成C源程序的基本单位是语句

C. C源程序中大、小写字母是有区别的

D. 一个C源程序可由一个或多个函数组成

10. 以下叙述中正确的是(　　)。

A. C源程序中注释部分可以出现在程序中任意合适的地方

B. 一对花括号{}只能作为函数体的定界符

C. C源程序编译时注释部分的错误将被发现

D. 构成C源程序的基本单位是函数，所有函数名都可以由用户命名

1.3.2　填空题

1. C语言一共有_______种关键字、_______种控制语句和_______种运算符。

2. 上机运行一个C程序的4个步骤分别是：编辑、_______、_______和_______。

3. C语言的标识符是由_______、_______和_______三种字符组成，且第一个字符必须为_______或_______。

4. 算法的特性包括_______、_______、_______、_______和_______。

第2章

基本数据类型与运算

本章介绍C语言中常用的基本数据类型、常量与变量、运算符及表达式、库函数的概念。本章内容繁杂，只要求学生对所讲授的内容有一个初步认识，相关的应用留待后面各章讲授时逐步体会。

本章的主要知识点：C语言的基本数据类型、常量与变量、变量的初始化、库函数使用方式、运算符的分类及运算功能、表达式的正确书写。

难点：字符型和整型数据的存储形式与互相通用、转义字符的概念及使用、格式化输入/输出函数的使用、赋值类型转换、自增/自减运算符的概念及使用、逻辑表达式的求解。

2.1 基本知识

2.1.1 C语言基本数据类型

C语言中基本数据类型及类型标识符、字节长度、取值范围如表2-1所示。

表2-1 不同数据类型的数值范围

数据类型	类型标识符	字节长度	数值范围
字符型	char	1	-128～+127，即-27～(27-1)
无符号字符型	unsigned char	1	0～255，即28-1
短整型	short int	2	-32768～+32767，即-215～(215-1)
无符号短整型	unsigned short int	2	0～65535，即0～(216-1)
整型	int	4	-2147483648～+2147483647，即-231～(231-1)
无符号整型	unsigned int	4	0～4294967295，即0～(232-1)
长整型	long int	4	-2147483648～+2147483647，即-231～(231-1)
无符号长整型	unsigned long int	4	0～4294967295，即0～(232-1)

(续表)

数据类型	类型标识符	字节长度	数值范围
单精度浮点数	float	4	1.2e-38～3.4e38
双精度浮点数	double	8	2.2e-308～1.8e308

2.1.2 常量

常量是指在程序运行过程中，其值不能被改变的量。在C语言中，常量可以根据不同的数据类型分为整型常量、实型常量、字符型常量、字符串常量、符号常量。

1. 整型常量

整型常量有十进制、八进制、十六进制3种表示形式。八进制整型常量以0(零)开头，数码取值为0~7，如012、-012L。十六进制常量以0x或0X开头(0x中的0是数字零)，数码取值为0~9、a~f或A～F，A～F字母用于表示数字10～15，如0x12、0X12L、-0x45af。

2. 实型常量

实型常量有以下两种表示形式。

(1) 十进制小数形式，必须有小数点，如123.45、2.0。

(2) 指数形式，指数符号e或E之前必须有数字，其后必须为整数，形式为aEn，意为$a\times10^n$，如：2.5e3表示2.5×10^3，-3.5e-2表示-3.5×10^{-2}。

实型常量不能用八进制、十六进制表示。

3. 字符型常量、转义字符

字符型常量以单引号为定界符的单字符，如'A'、'!'。

转义字符以“\”开头，使其后的该字符序列具有不同于该字符序列单独出现时的语义。在编程中常用来表示不能直接显示的字符，如退格键'\b'、回车符'\n'等。

4. 字符串常量

字符串常量是由一对双引号括起来的字符序列，字符串中可以包含任意字符。例如，"Hello"、"你好"、"a b\n"、""、"￥123.6"都是合法的字符串常量。字符串在计算机内存储时，会在字符串结尾处加一个'\0'(ASCII码为0)作为字符串的结束标志。

5. 符号常量

将常量定义为一个标识符，称为符号常量，通常用大写表示。用#define定义符号常量的语法格式为：

```
#define 标识符 常量
```

例如：

```
#define PI 3.1415926
```

2.1.3　变量

变量名必须符合标识符命名规则：首字符只能为字母、下画线，后面可跟字母、数字、下画线，长度不超过 32，不能与关键字同名，并且区分大小写，如 X 与 x 是不同变量。

1. 整型变量

整型变量主要分为基本整型(int)、短整型(short)、长整型(long)和无符号整型(unsigned)。在 VC++ 2010 中，int 型变量在内存中占 4 个字节的内存空间。定义整型变量可以写成:

```
int a,b;
short c;
long x,y;
```

2. 实型变量

实型变量主要分为单精度(float)、双精度(double)、长双精度(long double)，在内存中分别占 4、8、8 个字节的内存空间。定义实型变量可写成：

```
float a,b;
double c;
long double x,y;
```

3. 字符型变量

字符型变量(char)在内存中占 1 个字节的内存空间。定义字符型变量可写成：

```
char c1,c2;
```

2.1.4　运算符与表达式

C 语言的运算符主要包括以下 11 种。

(1) 算术运算符：用于各类数值运算，包括加(+)、减( )、乘(*)、除(/)、求余(或称模运算%)、自增(++)、自减(—)共 7 种。其中，“%”运算符两侧要求必须是整数，“/”运算符若两侧为整数，则运行结果也为整数。

(2) 关系运算符：用于比较运算，包括大于(>)、小于(<)、等于(==)、大于等于(>=)、小于等于(<=)和不等于(!=)共 6 种。

(3) 逻辑运算符：用于逻辑运算，包括与(&&)、或(||)、非(!)共 3 种。

(4) 位操作运算符：参与运算的量按二进制位进行运算，包括位与(&)、位或(|)、位非(~)、位异或(∧)、左移(<<)、右移(>>)共 6 种。

(5) 赋值运算符：用于赋值运算，分为简单赋值(=)、复合算术赋值(+=、-=、*=、/=、%=)和复合位运算赋值(&=、|=、^=、>>=、<<=)。

(6) 条件运算符(?:)：这是一个三目运算符，用于条件求值。

(7) 逗号运算符(,)：用于把若干表达式组合成一个表达式。

(8) 指针运算符：用于取内容(*)和取地址(&)两种运算。

(9) 求字节数运算符：用于计算数据类型所占的字节数(sizeof)。

(10) 特殊运算符：有括号()、下标[]、指针型结构成员运算符(→)和结构成员运算符(.)共 4 种。

(11) 强制类型转换运算符：显式转换，如(int)3.5 的值是整型数 3。

2.1.5 常用数学函数

数学函数的原型都在文件 math.h 中声明。文件包含可以用预处理命令#include 来实现：

```
#include <math.h>
```

C 语言函数调用的语法格式为：

```
函数名(实参列表);
```

常用数学函数有以下几种。

1. 三角函数 sin、cos、tan

三角函数的函数原型如下：

```
double sin(double x);
double cos(double x);
double tan(double x);
```

例如，求 sin30° 的值要写成 sin(30*3.14/180)或 sin(3.14/6)。

2. 绝对值函数 abs、fabs、labs

绝对值函数的函数原型如下：

```
int abs(int x);
double fabs(double x);
long labs(long x);
```

例如，abs(−10)等于 10，fabs(−5.6)等于 5.6，labs(−9999)等于 9999。

3. 幂函数 exp 和 pow

幂函数的函数原型如下：

```
double exp(double x);
double pow(double x, double y);
```

exp 函数返回以 e≈2.718 为底，参数 x 为幂的指数值，即 e 的 x 次幂；pow 函数返回 x 的 y 次幂。

4. 对数函数 log 和 log10

对数函数的函数原型如下：

```
double log(double x);
double log10(double x);
```

log 函数返回以 e 为底，参数 x 的自然对数值 lnx；log10 函数返回以 10 为底，参数 x 的对数值 log10x。

5. 平方根函数 sqrt

平方根函数的函数原型如下：

```
double sqrt(double x);
```

sqrt 函数返回参数 x 的平方根。

6. 随机函数 rand 和 srand

随机函数的函数原型如下：

```
int rand(void);
void srand(unsigned int seed);
```

rand 和 srand 函数的原型在头文件 stdlib.h 中定义，使用时应在程序开头包含 stdlib.h 文件。rand 函数返回一个值在 0~RAND_MAX 之间的伪随机整数，ANSI C 要求 RAND_MAX 至少为 32767。srand 函数用参数 seed 来设置一个伪随机数序列的开始点，以便调用 rand 函数时产生一个新的伪随机数序列。参数 seed 称为随机数种子。

2.1.6　格式化输入/输出函数

C 语言提供的字符输入/输出函数的原型在头文件 stdio.h 中声明，在使用时应在程序头部包含 stdio.h 文件：

```
#include <stdio.h>
```

1. 格式输出函数 printf()

```
printf("格式字符", 输出项 1, 输出项 2, …, 输出项 n);
```

其中，格式字符介绍如下。

- %d：输出十进制整数。
- %x：以十六进制无符号形式输出整数。
- %o：以八进制无符号形式输出整数。
- %u：无符号。
- %f：输出小数形式浮点数，%f 表示输出 float 型，%lf 表示输出 double 型。

- %s：输出字符串。
- %c：输出单字符。

格式控制参数包括以下字符。

- m：输出域宽(长度，包括小数点)(如数据的位数小于 m，则左端补以空格，如大于 m，则按实际位数输出)。
- n：输出精度(小数位数)。

2. 格式输入函数 scanf()

```
scanf("格式字符", &变量名 1, &变量名 2, …, &变量名 n);
```

其中，&为地址运算符，用于获取变量在内存中的地址，如&a 表示变量 a 所占空间的首地址。

用%c 输入字符时，空格符、转义字符都会作为有效字符输入。

2.1.7 字符输入/输出函数

C 语言提供了专门输入/输出字符型数据的函数 getchar 和 putchar，函数的原型在头文件 stdio.h 中声明，在使用时在程序头部包含 stdio.h 文件：

```
#include <stdio.h>
```

1. 字符输出函数

```
putchar(c);
```

其中，参数 c 可以是字符变量或常量，也可以是一个代表 ASCII 码的整数或表达式。函数功能是输出一个字符到显示器上。

2. 字符输入函数

```
ch=getchar();
```

getchar()只接收一个从键盘上读入的字符，如果输入多个字符再按 Enter 键，也只有第一个字符被 getchar()接收。

2.2 上机实验

2.2.1 实验目的

1. 掌握 C 语言数据类型，熟悉如何定义一个整型、字符型和实型的变量，以及对它们赋值的方法。

2. 掌握各种运算符及它们的优先级和结合方向。

3. 学会计算混合运算表达式。
4. 学会使用位运算符，并能对一个数按二进制格式进行位操作。
5. 掌握输入/输出函数的使用。

2.2.2　实验内容

1. 上机前人工分析，写出程序运行结果，上机运行后对比结果。

(1) 写出以下程序的运行结果：____________________。

```
int main()
{ int i, j, m, n;
  i=8; j=10;
  m=++i; n=j++;
  printf("i=%d, j=%d, m=%d, n=%d\n", i, j, m, n);
  return 0;
}
```

(2) 写出以下程序的运行结果：____________________。

```
#include <stdio.h>
int main()
{ int x=34567;
  printf("%d",x%10);
  x=x/10;
  printf("%d\n",x);
  return 0;
}
```

(3) 写出以下程序的运行结果：____________________。

```
int main()
{ char a=010, b=10;
  printf("%d\n", a^b>>2);
  return 0;
}
```

(4) 下列程序的输出结果是：____________________。

```
#include <stdio.h>
int main()
{ int a,b,c;
 a=b=c=1;
 if (a++||++b)
   c++;
   printf("%d,%d,%d",a,b,c);
```

```
    return 0;
}
```

如果把 if 中的||改为&&，输出结果是：____________________。

2. 设 int a=12，求下列表达式运算后 a 的值。

(1) a+=a　　(2) a-=2　　(3) a*=2+3　　(4) a/=a+a

(5) a%=(n%=2)，n 的值等于 5　　(6) a+=a-=a*=a

3. 求下列表达式的值，然后编程用 printf 函数验证结果。

(1) x+a%3*(int)(x+y)%2/4　　(设 x=2.5，a=7，y=4.7)

(2) (float)(a+b)/2+(int)x%(int)y　　(设 a=2，b=3，x=3.5，y=2.5)

(3) a+=a-=a　　(设 a=10)

4. 已知 x=15，编程求 y 值。注意添加：#include <math.h>。程序命名为 L2-4.c，要求输出结果保留 3 位小数(参考答案为 1.308)。

$$y=\sqrt{\left|\sin(45^\circ)+\frac{5}{8}\right|}+\frac{\ln x}{x\log_{10}x}$$

5. 编程完成从键盘输入 x 的值，求 y 的值并输出。输出结果保留 3 位小数(例如：输入 2.15，输出 y=3.393)，程序命名为 L2-5.c。

$$y=\frac{x^2+e^x}{\sqrt{5.15+x^3}}+\frac{\cos 3x-1}{|2\tan x+1|}$$

6. 编程完成从键盘输入 x 的值，求 y 的值并输出。输出结果保留 3 位小数(例如：输入 2.5，输出 y=0.077)，程序命名为 L2-6.c

$$y=\frac{2x^2-1}{|e^{2x}+\tan x|+1}$$

7. 编程完成从键盘输入 x 的值，求 y 的值并输出。输出结果保留 3 位小数(例如：输入 2.73，输出 y=0.733)，程序命名为 L2-7.c

$$y=\frac{1.8x+e^x-0.76}{(11.5-x)(x+0.3)}$$

8. 编程完成从键盘输入 x 的值，求 y 的值并输出。输出结果保留 3 位小数(例如：输入 2.6，输出 y=0.007)，程序命名为 L2-8.c。

$$y=\frac{x^3-1}{|e^{3x}-\sin x|+1.8}$$

9. 编程完成从键盘输入 x 的值，求 y 的值并输出。输出结果保留 3 位小数(例如：输入 2.7，输出 y=0.017)，程序命名为 L2-9.c。

$$y=\frac{0.16(x^2-5.8)\cos(2x)}{x^2+1.2+|\sin(x)|}$$

10. 编程完成从键盘输入 x 的值，求 y 的值并输出。输出结果保留 3 位小数(例如：输入 2.5，输出 y=-0.777)，程序命名为 L2-10.c。

$$y = \frac{\sin 2x + 3\tan x^2}{\left|\ln x + \sqrt{1+\cos x}\right|}$$

2.2.3　实验思考

1. C 语言中整数除以整数的结果是什么？小数部分被舍去还是四舍五入？
2. 总结 i++与++i、i--与--i 的使用区别。
3. 总结复合赋值运算符使用时容易出现什么错误，应注意些什么？
4. 总结位运算的运算规则及运算过程容易出现什么样的错误？

2.3　习题

2.3.1　选择题

1. 下列合法的常量是(　　)。
   A. 'a'+3　　B. E13　　C. '3a'　　D. '\n'
2. 下列不属于 C 语言数据类型的是(　　)。
   A. 单精度型　　B. 枚举类型　　C. 长复数类型　　D. 整型
3. 下列不合法的字符常量是(　　)。
   A. 'b'　　B. '\n'　　C. '\t'　　D. "b"
4. 属于 C 语言基本数据类型的是(　　)。
   A. 数组　　B. 字符型　　C. 指针类型　　D. 结构体类型
5. 下列不合法的整型常量是(　　)。
   A. 0xfa　　B. 018　　C. 1011　　D. 345
6. 下列不合法的浮点型常量是(　　)。
   A. 5.68　　B. 3.1E2.5　　C. −3.0E−1　　D. 1.0e+2
7. 下列不合法的用户标识符是(　　)。
   A. _6b　　B. pro　　C. ?a　　D. _count
8. 下列合法的变量名是(　　)。
   A. int　　B. 5a　　C. Break　　D. @hello
9. 若已定义：int x; char c;，则表达式 c+10*x 的结果类型是(　　)。
   A. float　　B. int　　C. double　　D. char
10. 逗号表达式 a=12,b=8,a+b 的值是(　　)。
    A. 4　　B. 12　　C. 20　　D. 8
11. 若已定义：int a=2; double x=5.5;，下列不正确的表达式是(　　)。
    A. (int)x%a　　B. (int)(x%a)　　C. (int)(x/a)　　D. (int)x/a
12. 若已定义：char c;，则(　　)是正确的赋值表达式。

A. c='101'　　B. c="101"+10.78　　C. c=101　　D. c="e"+10.78

13. 若已定义：int a=5,b=7,x;，语句 x=(++a)+(++b); 执行后，x、a 的值分别是(　　)。

A. 12，6　　B. 14，5　　C. 12，5　　D. 14，6

14. C 语言要求运算对象必须是整型的算术运算符是(　　)。

A. /　　B. +　　C. –　　D. %

15. 若已定义：int a=2;，则(　　)是正确的赋值表达式。

A. a=double(a/3)　　B. a+3=a　　C. a-=(a*3)　　D. a*3=4

16. 若已定义：int i=3,a;，语句 a=(i--)+(i--); 执行后，a 的值是(　　)。

A. 5　　B. 6　　C. 4　　D. 7

17. 若已定义：double x;，函数(　　)可用于求 x 的绝对值。

A. abs(x)　　B. log(x)　　C. fabs(x)　　D. sqrt(x)

18. 若有定义：int a=1;double x=2.0;，正确的表达式是(　　)。

A. (a+x)=3.0　　B. (a+x)--　　C. x%a　　D. a/x

19. 若已定义：int a=3,b=2;，表达式 a/b 的值是(　　)。

A. 0.5　　B. 1.5　　C. 2　　D. 1

20. 能表示变量 x 属于区间[5,10]的正确表达式是(　　)。

A. 5<=x<=10　　B. x>=5 || x<=10　　C. x>=5 and x<=10　　D. x>=5 && x<=10

21. 若已定义：int x=10,y=15,z=20;，表达式(z=x>y?1:0)的值是(　　)。

A. 1　　B. 20　　C. 10　　D. 0

22. 若已定义：char ch;，变量 ch 不能获取键盘输入值的语句是(　　)。

A. input(ch);　　B. scanf("%c",&ch);

C. scanf("%d",&ch);　　D. ch=getchar();

23. 若已定义：int a; double x;，变量 a 和 x 能正确获取键盘输入值的语句是(　　)。

A. scanf("%d%lf",&a,&x);　　B. scanf("%d%lf",&a,x);

C. scanf("%d%f",&x,&a);　　D. scanf("%f%d",a,&x);

24. 若已定义：int x=3,y=4;，语句(　　)执行后输出结果：3*4=12。

A. printf("%d*%d=%d",x,y,x*y);　　B. printf("x*y=%d",x,y,x*y);

C. printf("%d*%d=x*y",x,y);　　D. printf(3*4=12);

25. 若已定义：int a=2,b=4;，表达式 (!a>b – 2)的值为(　　)。

A. 1　　B. 0　　C. 2　　D. 4

26. 若已定义：int a=3,b=5,c=7;，表达式 (c!=a,b++)的值为(　　)。

A. 7　　B. 5　　C. 3　　D. 1

27. 若已定义：int a=1;double x=2.0;char c=100;，表达式(a+x/c)值的数据类型是(　　)。

A. int　　B. char　　C. double　　D. void

28. 若已定义：int a=10; double x=3.5;，表达式(int)(x+a)的值是(　　)。

A. 3.5　　B. 13　　C. 10　　D. 13.5

29. 若已定义：int a=3,b=3,c=5;，执行语句(a++>b&&c++);后，变量 a、b、c 的值分别为(　　)。

A. 3，3，5　　B. 4，3，5　　C. 4，3，6　　D. 4，4，6

30. 若已定义：int x=3,y=5;，执行语句 x=(y++); 后，x 和 y 值分别为(　　)。

A. 3 和 5　　B. 5 和 3　　C. 6 和 5　　D. 5 和 6

2.3.2　填空题

1. 能表述 0≤x≤100 的 C 语言表达式是__________。

2. 若已定义：int x=1,y=24;，执行语句 x=3+(y++);后，x 的值为__________，y 的值为__________。

3. 语句 a=(3/4)+3%2;运行后，a 的值为__________。

4. 在 C 语言中，不同运算符之间运算次序存在__________的区别，同一运算符之间运算次序存在__________的规则。

5. 若有定义：int a=1,b=2,c=3;，则语句++a||++b&&++c;运行后，b 的值为__________。

6. 已知如下定义和输入语句：int a,b;scanf(("%d,%d",&a,&b);，若要求 a 和 b 的值分别为 10 和 20，则正确的数据输入是__________。

7. 已知 double a;，使用 scanf()函数输入 135.78 给变量 a，正确的函数调用是__________。

8. 若有定义：int a=5,b=2,c=1;，则表达式 a-b<c||b==c 的值是__________。

9. 若已定义：int x=2; double y=7.5; char ch='b';，则表达式 ch/x+y 值的数据类型是__________。

10. 下列程序的运行结果为__________。

```
int main()
{ int a=65; char c='A';
  printf("%x,%d",a,c);
  return 0;
}
```

第 3 章 结构化程序设计

结构化程序设计的 3 种基本结构，包括顺序结构、选择结构、循环结构。

1. 顺序结构

主要介绍 C 语言的各类执行语句，以及利用几种简单 C 语句来编写顺序结构程序。

主要知识点：C 语句的种类、顺序结构程序的组成。

难点：赋值语句、控制语句。

2. 选择结构

主要介绍如何用 C 语言实现选择结构。

主要知识点：选择结构的两种基本句型(if…else 和 switch 语句)的格式及基本应用。

难点：if 语句的嵌套、switch 语句。

3. 循环结构

主要介绍 C 语言构成循环控制的 3 种语句(即 while、do…while 和 for 语句)、break 与 continue 语句的基本作用。

主要知识点：while 语句、do…while 语句和 for 语句、循环嵌套和转向控制(break 和 continue)语句。

难点：for 语句、循环嵌套。

3.1 基本知识

C 语言是结构化程序设计语言，其具备 3 种基本结构：顺序结构、选择结构和循环结构，实现这 3 种结构的控制语句有 9 种。

3.1.1 顺序结构

顺序结构是最简单的程序结构，按照自上而下的顺序执行语句。

3.1.2 选择结构

选择结构通过判断某些特定条件是否满足来决定下一步的执行流程，是否执行或者选择哪条路径执行，又称为分支结构。常见的有单分支选择结构、双分支选择结构、多分支选择结构。实现这 3 种选择结构的控制语句有 2 种，即条件选择 if 语句和开关分支 switch 语句。

1. if 语句单分支结构

```
if(表达式) 语句;
```

【功能】如果表达式的值为真(非 0)，则执行语句，否则不执行。

(1) 语句可以是一条语句、复合语句或内嵌 if 语句等，也可以是空语句。

(2) 表达式外的括号不能省略，表达式可以是任何类型，常用的是关系表达式或逻辑表达式。例如：

```
if(a==0)等价于 if(!a)        //如果 a 等于 0
if(a!=0)等价于 if(a)         //如果 a 不等于 0
if(a==b)                     //如果 a 等于 b
if(a>=1&&a<=3)               //如果 a 介于 1 和 3 之间
if(a=0)                      //注意和 if(a==0)的区别，=为赋值运算符，是将 0 赋值给变量 a，所以 a 被赋
                               值为 0，即 if 条件表达式的值为 0。在 C 语言中，0 值即为假，所以 if(a=0)
                               即为假，此条件下的语句不会被执行
```

2. if 语句双分支结构

```
if(表达式) 语句 1;
else 语句 2;
```

【功能】如果表达式的值为真(非 0)，则执行语句 1，否则执行语句 2。

(1) else 是 if 的子句，与 if 配对，不能单独出现，else 后不能加条件表达式。

(2) if…else 的配对原则是：else 总是与它前面最近的尚未配对的 if 语句配对。

(3) 条件运算符 e1?e2:e3 是 if…else 语句在特定情况下的变体。

3. if 语句多分支结构

```
if(表达式 1) 语句 1;
else if(表达式 2) 语句 2;
…
else if(表达式 n) 语句 n;
[else 语句 n+1;]
```

【功能】依次判断表达式的值，当出现某个值为真时，则执行其对应的语句，然后跳到整个

if 语句之外继续执行后续程序。如果所有的表达式均为假，则执行语句 n+1。

4. switch 语句

switch 语句是多分支选择语句另一种形式，switch 语句根据表达式的不同取值来实现对分支的选择。

switch 语句的一般形式：

```
switch(e)
{    case c1:语句组 1;  [break;]
     case c2:语句组 2;  [break;]
     …
     case cn:语句组 n;  [break;]
     default:语句组 n+1;   [break;]    /*可默认*/
}
```

其中，e 表示表达式(可为整型、字符型或枚举型)；c1～cn 表示常量(可为整数、字符、常量表达式如 3+4，不含变量或函数)；default 表示不是 c1～cn 的情况(位置不一定在最后)。

switch(e)语句中的 e 实际上并非真正的条件选择，而只是一种跳转指示(与 if 语句不同)，表示下面应该跳转到什么位置继续执行。而各 case 实际上只是一个跳转处的标记。当程序跳转到某个 case 处时，并非只执行此 case 行的程序组，而是从此处开始一直向下执行各条语句，直到遇到 break 语句或整个 switch 开关体结束。

(1) 每个 case 常量表达式的值必须互不相同，否则会出现互相矛盾的结果。

(2) 允许多个 case 共用一个执行语句。

3.1.3　循环结构

循环是在循环条件为真时计算机反复执行的一组指令(循环体)。C 语言中主要循环语句有 while、do…while 和 for。

1. while 语句循环结构

```
while (条件表达式) 语句;
```

用于构成当型循环：先判断后执行，条件表达式的值为真继续循环，直到条件表达式的值为假时结束循环。

【注意】

(1) 语句为循环体，可以是单个语句，也可以是复合语句。

(2) 条件表达式或循环体内应有改变条件使循环结束的语句，否则可能陷入“死循环”。

2. do…while 语句循环结构

```
do {语句} while (条件表达式);
```

用于构成直到型循环：先执行后判断，条件表达式的值为真继续循环，直到条件表达式的值为假时结束循环。

【注意】do…while 循环至少要执行一次循环语句。

3. for 语句循环结构

对于解决循环次数无法预先估计的情况，用 while 和 do…while 循环十分有效。对于循环次数预先知道的情况，虽然也可以使用 while 和 do…while 循环解决，但是使用 for 语句来实现则更优。

```
for (表达式 1; 表达式 2; 表达式 3) 语句;
```

for 语句的形式也可理解成如下形式：

```
for(循环变量赋初值; 循环条件; 循环变量增量) 语句;
```

【说明】

(1) 表达式 1 通常对循环变量赋初值，在整个循环中只执行 1 次。

(2) 表达式 2 是条件表达式，如果其值为真(非 0)，则继续执行循环语句(组)，否则结束循环。

(3) 表达式 3 常用于循环变量值的更新，每次循环语句组执行完后执行一次。

(4) “语句”是循环体语句，可以是单个语句，也可以是复合语句。

4. 跳转

C 程序的循环体内可以设定循环中断语句 break 语句提前结束循环，也可以设定结束循环体的本次操作提前进入下一次循环的 continue 语句。

(1) break 语句。break 语句在 switch 结构中的作用是退出 switch 结构，在循环结构中的作用是结束循环，接着执行循环后面的语句。

(2) continue 语句。循环“短路”，跳过循环体剩余的语句，但并不退出循环结构，而且强行继续执行下一循环。

3.1.4 程序举例

例题：用辗转相除法求两个自然数的最大公约数和最小公倍数。

最小公倍数：如果有一个自然数 a 能被自然数 b 整除，则称 a 为 b 的倍数，b 为 a 的约数。对于两个整数来说，最小公倍数指该两数共有倍数中最小的一个。计算最小公倍数时，通常会借助最大公约数来辅助计算。最小公倍数=两数的乘积/最大公约(因)数，解题时要避免和最大公约(因)数问题混淆。对于最小公倍数的求解，除了利用最大公约数外，还可根据定义进行算法设计。要求任意两个正整数的最小公倍数，即求出一个最小的能同时被两整数整除的自然数。

最大公约数：如果有一个自然数 a 能被自然数 b 整除，则称 a 为 b 的倍数，b 为 a 的约数。几个自然数公有的约数，称为这几个自然数的公约数。公约数中最大的一个公约数，称为这几个自然数的最大公约数。根据约数的定义可知，某个数的所有约数必不大于这个数本身，几个自然数的最大公约数必不大于其中任何一个数。要求任意两个正整数的最大公约数，即求出一个不大于其中两者中的任何一个，但又能同时整除两个整数的最大自然数。

辗转相除法：辗转相除法，又名欧几里德算法，是求最大公约数的一种方法。它的具体做法是：用较小数除较大数，再用出现的余数(第一余数)去除除数，再用出现的余数(第二余数)去除第一余数，如此反复，直到最后余数是 0 为止。如果是求两个数的最大公约数，那么最后的除数就是这两个数的最大公约数。

求最小公倍数的算法：两个整数积/最大公约数。

算法流程图如图 3-1 所示。

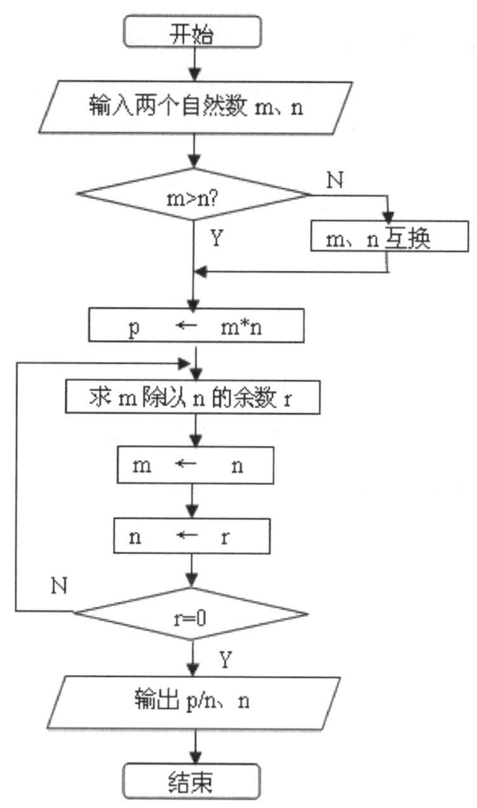

图 3-1　求最大公约数和最小公倍数算法流程图

辗转相除法算法总结如下。

(1) 将两整数求余 m%n = r。

(2) 如果 r= 0，则 n 为最大公约数。

(3) 如果 r != 0，则 m = n; n =r;，继续从 1 开始执行。

(4) 该循环是否继续的判断条件就是 r 是否为 0。

例如：求 27 和 15 的最大公约数过程为：27÷15 余 12，15÷12 余 3，12÷3 余 0，因此，3 为最大公约数。

3.2 顺序结构上机实验

3.2.1 实验目的

1. 熟悉顺序结构的程序设计方法。
2. 熟练掌握各种数据的输入/输出方法，能正确使用各种格式转换符。

3.2.2 实验内容

1. 由键盘输入 a、b 的值，编写程序：借助变量 t，把 a 和 b 的值交换，程序命名为 L3-1.c。

2. 输入一个华氏温度 F，按下列公式计算输出摄氏温度 C(结果保留 2 位小数)，程序命名为 L3-2.c。

```
C=5/9*(F-32)
```

3. 编写一个程序，从键盘输入任意一个 5 位数，把这个数值分解为单个数字，然后打印出每一个数字(每个数字之间用 3 个空格分开)。例如用户输入了 42389，屏幕输出结果为：

```
4   2   3   8   9
```

提示：用整除/与求余%运算符完成，程序命名为 L3-3.c

4. 编写输入三角形的 3 条边长 a、b、c，求三角形面积 area 的程序，程序命名为 L3-4.c。

$$area=\sqrt{p(p-a)(p-b)(p-c)}\ ,\quad p=\frac{1}{2}(a+b+c)$$

实验步骤与要求：

(1) 输入前要加提示语句。

(2) 输出结果前要有必要的文字说明。

(3) 输入一组数据 3、4、5，观察运算结果。

(4) 输入另外一组数据 3、4、8，观察运算结果，分析这个运算结果是否有效。

3.2.3 实验思考

1. 注意 printf 函数的输出格式。
2. 注意 scanf 函数的输入格式。
3. 总结实验中在编辑、编译、运行等各环节中所出现的问题及解决方法。

3.3 选择结构上机实验

3.3.1 实验目的

1. 了解 C 语言中表示逻辑量的方法。
2. 掌握关系表达式和逻辑表达式的使用。
3. 熟练使用 if 语句、if…else 语句进行程序设计。
4. 熟练使用 switch…case…default 多分支语句进行程序设计。

3.3.2 实验内容

1. 用 if 语句编程，输入 x 值，输出 y 值，程序命名为 L4-1.c。

$$y=\begin{cases} x & (x<1) \\ 2x-1 & (1\leqslant x<10) \\ 3x-11 & (x\geqslant 10) \end{cases}$$

2. 输入 3 个整数，要求按从大到小的顺序输出，程序命名为 L4-2.c。

3. 用 scanf 函数输入一个年份 year，判断是否闰年，并输出 2 月份的天数 days，程序命名为 L4-3.c。闰年的条件是：year 能被 4 整除但不能被 100 整除，或者 year 能被 400 整除。如果 year 是闰年，则 2 月份的天数为 29 天；不是闰年，则为 28 天。

4. 编写程序：由键盘输入 x 值，根据 x 值求 y 值，结果保留 3 位小数，程序命名为 L4-4.c。

$$y=\begin{cases} x-1 & (x<0) \\ 0 & (1=0) \\ x+1 & (x>0) \end{cases}$$

5. 编程求方程 $ax^2+bx+c=0$ 的两个根中较大的根，程序命名为 L4-5.c。求根公式为

$$x_{1,2}=\frac{-b\pm\sqrt{b^2-4ac}}{2a}$$

其中假设：$a\neq 0$，且 $b^2-4ac\geqslant 0$。

例如：输入 a、b、c 分别为 1、3、2，则输出：max=-1.00。

6. 奖金提成与利润关系如下：

$$p=\begin{cases} 10\% & (\text{利润 } i<10 \text{ 万元}) \\ 7.5\% & (10 \text{ 万元}\leqslant \text{利润 } i<20 \text{ 万元}) \\ 5\% & (20 \text{ 万元}\leqslant \text{利润 } i<40 \text{ 万元}) \\ 3\% & (40 \text{ 万元}\leqslant \text{利润 } i<60 \text{ 万元}) \\ 1.5\% & (60 \text{ 万元}\leqslant \text{利润 } i<100 \text{ 万元}) \\ 1\% & (\text{利润 } i\geqslant 100 \text{ 万元}) \end{cases}$$

编写程序，输入当月利润 i 值，输出当月应发奖金 p，程序命名为 L4-6.c。

7. 编程完成如下程序，要求输入x的值，根据x的值求y的值。例如：输入−1.2，输出y=0.241；输入6，输出y=19.879。程序命名为L4-7.c。

$$y=\begin{cases}(x+2)e^{x} & (x\leqslant 0)\\(x+2)\ln(2x) & (x>0)\end{cases}$$

8. 编写程序：由键盘输入x的值，求y的值并输出，输出结果保留两位小数，程序命名为L4-8.c。(程序检测参考：x=0.8，y=0.96；x=4.5，y=107.05；x=725，y=−1.00)

$$y=\begin{cases}\dfrac{x^3}{\lg(|x|+2.6)} & (|x|<300)\\-1 & (|x|\geqslant 300)\end{cases}$$

9. 给出一百分制成绩，要求输出成绩等级：90分以上为A，80~89分为B，70~79分为C，60~69分为D，60分以下为E，程序命名为L4-9.c。

10. 编写程序：由键盘输入x、y的值，输出z的值，结果保留3位小数，程序命名为L4-10.c。提示：可用if循环嵌套，也可用3个单分支if。

(程序检测参考：输入1、3，输出z=0.182；输入5、−5，输出z=0.023；输入−6、13，输出z=7.000)

$$z=\begin{cases}\dfrac{x^2+1}{y^2+2} & (x>0, y>0)\\\dfrac{x-2}{x(y^2+1)} & (x>0, y\leqslant 0)\\x+y & (x\leqslant 0)\end{cases}$$

3.3.3 实验思考

1. =和==有什么区别？
2. &和&&、|和||有什么区别？

3.4 循环结构上机实验(一)

3.4.1 实验目的

1. 熟练while、do…while和for这3种循环语句的应用。
2. 掌握3种循环语句使用的区别。

3.4.2 实验内容

1. 编程求S=1!+2!+…+20!，程序命名为L5-1.c。

2. 编程求 S=1+12+123+1234+12345，程序命名为 L5-2.c。

3. 计算任意整数(由键盘输入)中各位奇数的平方和，程序命名为 L5-3.c。

例如，输入 21354，则计算 $1^2+3^2+5^2$，输出 35。

4. 编程实现输出如下图形。

(1) 从键盘输入 n（1≤n≤26），按图 3-2 所示规律输出 n 行图形，程序命名为 L5-4-1.c。

```
   A
  BBB
 CCCCC
DDDDDDD
```

图 3-2　输出图形(一)

(2) 输出如图 3-3 所示图形，程序命名为 L5-4-2.c。

```
*******
 *****
  ***
   *
```

图 3-3　输出图形(二)

5. 用单重循环编程计算 e 值，使误差(误差指前后项 e 之间的差值)小于给定的 ε，设 $\varepsilon=10^{-5}$，同时输出 n 值，程序命名为 L5-5.c。(程序检验参考：e=2.718279，n=8)

$$e=1+\frac{1}{1!}+\frac{1}{2!}+\cdots\frac{1}{n!}$$

6. 鸡兔问题：鸡兔共 30 只，脚共有 90 个。编写一个程序，求鸡、兔各多少只，程序命名为 L5-6.c。

7. 编写一个程序，打印九九乘法表，即

1×1=1，1×2=2，……，1×9=9

2×1=2，2×2=4，……，2×9=18

……

9×1=9，9×=18，……，9×9=81

程序命名为 L5-7.c。

3.4.3　实验思考

总结 3 种形式的循环使用的区别。

3.5 循环结构上机实验(二)

3.5.1 实验目的

1. 熟练掌握循环结构的嵌套。
2. 掌握 break 和 continue 语句的使用。

3.5.2 实验内容

1. 输出 2～200 的全部素数，程序命名为 L6-1.c。

2. 编程完成求如下多项式的和，要求用户输入 n(n≥1)的值，计算下列公式前 n 项和，程序命名为 L6-2.c。

$$y=\left(\frac{1}{2}-\frac{1}{3}\right)+\left(\frac{1}{4}-\frac{1}{5}\right)+\left(\frac{1}{6}-\frac{1}{7}\right)+\cdots+\left(\frac{1}{2n}-\frac{1}{2n+1}\right)$$

3. 编写程序，求前 n 项之和 S 值(n 和 x 由键盘输入)，x≠0，程序命名为 L6-3.c。
(程序检验参考：当 x=6.66，n=8 时，s=413147.534；当 x=6.66，n=3 时，s=−82.952)

$$s=-\frac{x}{1}+\frac{x^2}{2}-\frac{x^3}{3}+\frac{x^4}{4}-\cdots+\frac{x^n}{n}$$

4. 编写程序，求前 n 项之和 S 值(n 和 x 由键盘输入)，x≠0，程序命名为 L6-4.c。
(程序检验参考：当 x=6.66，n=8 时，s=40.955；当 x=6.66，n=15 时，s =−1.511)

$$S=-\frac{x}{1!}+\frac{x^2}{2!}-\frac{x^3}{3!}+\frac{x^4}{4!}-\cdots+\frac{x^n}{n!}$$

5. 编写一个程序，求前 n 项之和 S 值(n 由键盘输入)，x≠0，程序命名为 L6-5.c。
(程序检验参考：当 x=6.66，n=8 时，s= −16.492；当 x=6.66，n=15 时，s=−28.469)

$$S=\frac{1}{2x}-\frac{2x}{3}+\frac{3}{5x}-\frac{5x}{8}+\frac{8}{13x}-\frac{13x}{21}+\cdots$$

6. 编写一个程序，计算给定 n 时符合下式要求的 S 值。n 由键盘输入(n 为不大于 10 的整数)，程序命名为 L6-6.c。

S=(n⋯(⋯×(6×(5+(4×(3+(1×2)))

7. 设有一四位数 abcd=$(ab+cd)^2$，如 2025=$(20+25)^2$，编写一个程序，求 a、b、c、d，程序命名为 L6-7.c。

8. 输入两个整数，用辗转相除法求它们的最大公约数和最小公倍数，程序命名为 L6-8.c。

3.5.3 实验思考

总结循环嵌套的规定和应用。

3.6 习题

3.6.1 选择题

1. 若已定义：int a=1,b=2,x=3,y=4;，则表达式 a>b?a:x<y?x:y 的值是(　　)。

   A. 1　　B. 2　　C. 4　　D. 3

2. 若已定义 int k,a,b,c;，则语句(　　)与 k=a>b?(b>c?1:0):0 语句的功能等价。

   A. if(a>b||b>c)　　k=1;

   B. if(a<=b)　　k=0;
   else if(b<=c)　　k=1;
   else　　k=0;

   C. if(a>b)　　k=1;
   else if(b>c)　　k=1;

   D. if(a>b&&b>c)　　k=1;
   else　　k=0;

3. 下列(　　)不能构成一条 if 语句。

   A. if(x==0) a=1:b=2;　　B. if(x==0) ; else a=2;

   C. if(x>0) ;　　D. if(x>0) a=1; else a=2;

4. 以下程序段执行后的输出结果是(　　)。

```
int x=10,y=11;
if (++x>=y)
    ++y;
else
    --y;
printf("x=%d,y=%d\n",x,y);
```

   A. x=10,y=10　　B. x=11,y=11　　C. x=11,y=10　　D. x=11,y=12

5. 以下程序执行后的输出结果是(　　)。

```
#include <stdio.h>
int main( )
{   int n=10;
    if(n!=0)
    if(n>=10)
      printf("%d",n+1);
    else
      printf("%d",n+2);
    return 0;
}
```

   A. 10　　B. 11　　C. 0　　D. 12

6. 若已定义：int a=1,b=0;，以下程序段执行后的输出结果是(   )。

```
if(a=b)
   a++,b++;
else
   a--,b--;
printf("%d,%d\n",a,b);
```

A. 2,1　　B. 1,0　　C. 1,-1　　D. -1,-1

7. 若已定义：int a=1,b=2,c=3;，以下程序段执行后的输出结果是(   )。

```
if(a<b)
if(b<c)
   c++;
else
   c--;
else
   c=5;
printf("%d",c);
```

A. 5　　B. 2　　C. 3　　D. 4

8. 以下程序的运行结果是(   )。

```
int  main( )
{    int k=1;
     switch(++k)
     {    default:  printf("%d",k);
          case 1:  printf("%d",k); break;
          case 2:  printf("%d",2*k);
          case 3:  printf("%d",3*k); break;
   }
   return 0;
}
```

A. 46　　B. 4　　C. 1　　D. 11

9. 以下程序的运行结果是(   )。

```
int main( )
{    int a=23;
     switch(a%3)
     {    default:  printf("DD");
          case 1:  printf("AA"); break;
          case 2:  printf("BB");
          case 3:  printf("CC");
}
```

```
return 0;
}
```

A. CC　　B. AA　　C. BBCC　　D. DDAA

10. 以下程序的运行结果是(　　)。

```
#include <stdio.h>
int main()
{ int n=5;
    switch(n--)
    {    case 6:   printf("%d ",n++);break;
         case 5:   printf("%d ",n);
         default:  printf("%d ",n);
    }
  return 0;
}
```

A. 5 5　　B. 4 4　　C. 5　　D. 4

11. 设有下列程序段 int i=6; while(i<=6) i++;，下列叙述正确的是(　　)。

A. 循环体语句执行 2 次　　B. 循环体语句执行 3 次

C. 循环体语句一次也不执行　　D. 循环体语句执行 1 次

12. 运行以下程序段后，a 的值为(　　)。

```
int i=1,a=0;
while(i++<=6)
{    a+=1;
     if(i%2!=0)
     break;
     a+=2;
}
```

A. 1　　B. 4　　C. 3　　D. 6

13. 以下程序的运行结果是(　　)。

```
int main()
{    int i; for(i=7;i>3;i--,i--)
     printf("A");
     return 0;
}
```

A. A　　B. AA　　C. AAA　　D. AAAA

14. continue 语句在循环语句中的作用是(　　)。

A. 继续执行 continue 语句后的循环体各语句

B. 结束本次循环并跳出循环体

C. 结束本次循环并执行下一次的循环　　D. 终止程序运行

15. 运行以下程序段后，count 的值为(　　)。

```
int i=8,count=0;
while(i>=2)
  {++count;
    i- =2;
  }
```

A. 10　　B. 4　　C. 6　　D. 8

16. 若已定义：int i=10,s=100;，while 循环语句正确的是(　　)。

A. while{i<=100} (i++; s++;)　　B. WHILE(i<=100) { s+=i;i++; }

C. while(i<=100) { s+=i;i++;}　　D. while(i<=100) (s+=i;i++;)

17. 若已定义：int i=1,s=0;，for 循环语句正确的是(　　)。

A. for(i<100){ i++;s+=i;}　　B. for(s=10,i<100) i++;

C. for(;i<100;s+=i) i++;　　D. for{i=0;i<100;i++}(s+=i;)

18. 若已定义：int i=1,s=0;，if 语句正确的是(　　)。

A. if(i!=10) s++; else s--;　　B. IF(s==0)　i++;

C. if(i) s++; i++; else s--;　　D. if(1) (i++,s++;)

19. 若已定义：int i=1,s=0;，switch 语句正确的是(　　)。

A. switch(i>0)(case 1: s++; case 0: s--;)

B. switch(i-1){case 1: s++; case 0: s--; }

C. SWITCH(i){case 1: s++; case 0: s--;}

D. switch(i){case s: i++; case s+1:i--; }

20. 若已定义：int i=1,s=0;，do…while 语句正确的是(　　)。

A. do(i++,s+=i;)while(i<10);　　B. Do{i++,s+=i;}While(i<10);

C. do{i++,s+=i;}while(i<10);　　D. do{ i++; s--;};while(i<10)

21. 以下程序段的运行结果是(　　)。

```
int n=10;
while(n>1)
{   printf("%d ", n);
    n/=5;
}
```

A. 10 1　　B. 5 2　　C. 5 1　　D. 10 2

22. 以下程序段的运行结果是(　　)。

```
int i,s=0;
for(i=1;i<=10;i++)
{    if(i%5==0)  break;
```

```
        s+=i;
    }
    printf("%d",s);
```

A. 10　　B. 55　　C. 30　　D. 15

23. 执行以下程序段后，x 的值为(　　)。

```
int i,j,x=0;
for(i=1;i<=3;i++)
  for(j=1;j<=3;j++)
    x++;
```

A. 3　　B. 6　　C. 9　　D. 10

24. 执行以下程序段后，s 的值为(　　)。

```
int i,j,s=0;
for(i=1;i<=3;i++)
  for(j=1;j<=2*i;j++)
    s++;
```

A. 6　　B. 12　　C. 16　　D. 10

25. 执行以下程序段后，s 的值为(　　)。

```
int i,s=0;
for(i=1;i<=5;i++)
{    if(i%2==0)   continue;
     s+=i;
 }
```

A. 9　　B. 10　　C. 6　　D. 7

3.6.2　程序填空题

1. 将程序补充完整，程序功能：以一行最多 10 个数的方式输出[10,1000]区间内能被 7 整除且至少有一位数字是 8 的所有整数。

```
#include <stdio.h>
int main()
{ int i,a1,a2,a3,n=0;
  for(i=10; i<=1000; i++)
   { a1=______________;
     a2=i/10%10;
     a3=i%10;
     if(i%7==0 && (a1==8||a2==8 ||______________))
      {    printf("%3d  ",i);
```

```
            n++;
            if(n%10==0) printf("%c",________);
        }
    }
    return 0;
}
```

2. 将程序补充完整，程序功能：计算任意整数(由键盘输入)中各位奇数的平方和。例如，输入 21354，则计算 $1^2+3^2+5^2$，输出 35；输入 1234，则计算 1^2+3^2，输出 10。

```
#include <stdio.h>
int main()
{ int n,n1,s=0;
  printf("Input n:");
  scanf("%d",&n);
  do{
      n1=__________;              /*n1 为 n 的个位数*/
      if(n1%2!=0)                 /*判断 n1 是否为奇数*/
          s=___________;          /*求和*/
      }while(n=_________);        /*将 n 的值个位上的数舍去*/
  printf("s=%d",s);
  return 0;
}
```

3. 将程序补充完整，程序功能：利用循环语句在屏幕上输出如图 3-4 所示图形。

图 3-4　输出图形

```
#include <stdio.h>
int main()
{   int i,j;
    char c='A';
    for(i=1; i<=5; i++)
    {
        for(j=1; j<=5-i; j++)
```

```
            printf(" ");
            for(j=1; j<=i*2-1; j++)
            printf("%c",c);
            printf("\n");
            _________;
        }
        c--;
      for(i=4; i>=1;_________)
        {
            c--;
            for(j=1;j<=5-i; j++)
            printf(" ");
            for(j=1; j<=_________; j++)
            printf("%c",c);
            printf("\n");
        }
        return 0;
}
```

4. 将程序补充完整，程序功能：输出 3～100 的全部素数。

```
#include <stdio.h>
#include <math.h>
int main()
{ int x,i,k;
  for( __________;x<=100;x+=2)
   {  k=sqrt(x);
      for(i=2; __________ ; i++)
       if (x%i==0)
       __________;
      if(i>k)  printf("%4d",x);
   }
return 0;
}
```

5. 将程序补充完整，程序功能：求一堆螺栓总数，其中若以 4 个螺栓一组则多 2 个；若以 7 个一组则多 3 个；若以 9 个一组则多 5 个，这堆螺栓最少有几个？

```
#include <stdio.h>
int main()
{ int i=1, mark;
  mark=________;
  do
  {
```

```
    if((i-2)%4==0)
      if(  ____________ )
        if(!((i-5)%9))
    {   printf("Sum=%d\n",i);
        mark=0;
    }
    ____________;
  }while(mark);
  return  0;
}
```

第 4 章 数　组

本章介绍程序设计中最常用的构造类型数据，即数组。数组可以是一维的，也可以是多维的。

本章的主要知识点：一维数组和二维数组的概念、定义和引用方法，排序与查找技术，字符数组的概念、定义、引用方法及处理字符数组的函数。

难点：数组的排序技术和查找技术、字符数组的处理。

4.1 基本知识

4.1.1 一维数组

一维数组是指数组元素只有一个下标的数组。

1. 一维数组的定义

```
类型标识符  数组名[常量表达式];
```

例如 int a[5]，表示数组 a 中共有 5 个整型元素，编号从 0 开始，a[0]表示第 1 个元素，a[4]表示第 5 个元素。

【说明】

(1) 类型标识符可以是任意一种基本数据类型或构造数据类型。

(2) 数组名是用户定义的数组名字，命名规则遵循 C 语言标识符的命名规则。

(3) 括号中的常量表达式表示数据元素的个数，也称为数组的长度。它只能是整型常量、整型常量表达式或符号常量，不能是变量。

2. 一维数组的引用

```
数组名[下标表达式];
```

方括号中的下标是数组元素在数组中的顺序号，可以是整型常量、整型变量或整型表达式，下标取值范围应在0到“数组长度-1”之间。例如：a[2]、a[2*3-2]。

数组的引用原则如下：

(1) 先定义后引用。

(2) 只能逐个引用数组元素，不能一次引用整个数组。

(3) 引用数组元素要注意下标不要出界(编译程序不检查是否出界)。

3. 一维数组的初始化

```
类型标识符　数组名[常量表达式]={初值列表};
```

【说明】

(1) 定义数组时对所有数组元素赋予初值。例如：int a[5]={1,2,3,4,5};。

(2) 对部分数组元素赋初值，其他元素自动赋值0。

例如：int a[5]={1, 2, 3};　/*a[0] ~ a[2]的值分别是1、2、3，a[3]和a[4]的值为0*/。

(3) 对所有数组元素赋初值时，可以省略数组的长度，C语言编译系统将自动根据所赋初值个数确定数组长度。

例如：int a[ ]={1,2,3,4,5};系统自动定义数组a的长度为5。

4.1.2　二维数组

二维数组是指数组元素有两个下标的数组，多维数组即数组元素含有多个下标。

1. 二维数组的定义

```
类型标识符　数组名[常量表达式1][常量表达式2]
```

其中，常量表达式1表示数组的行数，常量表达式2表示数组的列数，常量表达式是常量或符号常量，其值必须为正，不能为变量。

二维数组中元素的存储顺序是按行连续存放的，即在内存中先顺序存放完第一行元素，再继续存放第二行元素，直到最后一行。

2. 二维数组的引用

与一维数组相同，二维数组和多维数组都不能对其整体引用，只能对具体元素进行引用。

```
数组名[下标表达式1][下标表达式2]
```

【说明】

(1) 下标表达式1代表的是行下标，下标表达式2代表的是列下标。

(2) 下标表达式可以是整型常量表达式，也可以是含变量的整型表达式，例如int a[4][5];，a[0][4]，a[3][3]，a[4*2-5][8%3]等，这些对数组的元素是合法引用。

(3) 引用数组时要特别注意下标越界问题。

3. 二维数组的初始化

二维数组初始化一般形式举例如下：

```
int a[2][3]={{1,2,3},{4,5,6}};      /*按行对二维数组初始化*/
int a[2][3]={1,2,3,4,5,6};          /*按数组元素存放顺序初始化*/
```

【说明】

(1) 初始化时可对数组全部元素初始化，也可以只对部分元素初始化，其余元素值自动为 0。例如：int a[3][4]={{2},{2,5}};。

(2) 对全部元素初始化时，可以省略数组第一维的长度，但第二维的长度不能省略。例如，int a[ ][4]={1,2,3,4,5,6,7,8};，C 编译程序将根据数组第二维的长度以及初始化数据的个数，确定数组第一维的长度为 2，保证数组大小足够存放全部初始化数据。

(3) 按行初始化时，对全部或部分元素初始化均可省略数组第一维的长度。例如，int a[4][2]={{},{ 4,6},{},{9}};还可写成 int a[ ][2]={ {},{4,6},{},{9}};。

4.1.3　字符数组和字符串

1. 字符数组的定义

字符数组：各个元素分别存放一个字符的数组，如：char a[10];，char a[2][3];。

字符串：以双引号为定界符，以'\0'结尾。'\0'是指 ASCII 码为 0 的字符。

2. 字符数组的初始化

单字符方式举例如下：

```
char a[10]={ 'A', 'B', 'C', 'D'};
char b[2][3]={ 'A', 'B', 'C', 'D', 'E', 'F'};
char a[2][5]={{ 'A', 'B', 'C', '\0'},{'x', 'y', '\0'}};
```

【注意】 如果初值个数小于数组长度，则多余的数组元素自动为空字符('\0')。

字符串方式举例如下：

```
char a[5]={ "ABCD"}; char c[ ]= "ABCD";
char a[2][5]={ "ABC", "XY"};
```

二维数组可以认为由若干个一维数组组成。

3. 字符数组的输入

先定义一个字符数组，建立存储空间，再输入其元素值，设已定义 char a[10];。

除了直接在定义时初始化，定义后赋值的方法有以下 4 种。

(1) 逐个元素赋值，如 a[0]= 'A',a[1]= 'X';。

(2) 通过循环逐个输入，如 for (i=0;i<10;i++) scanf("%c",&a[i]);。

(3) 整体输入，如：

```
scanf("%s", 字符数组名);    /*数组名代表该字符数组的首地址，不加&*/
scanf("%s", a);            /*从键盘输入接收一个不带空格的字符串存到数组 a 中*/
```

此法可自动在所输入的字符串末尾加上'\0'，但输入的字符串中不能有空格。

(4) gets(字符数组名);，用于从键盘接收一个任意字符串。例如：gets(a)执行时，将一直读取用户从键盘输入的所有字符，直到遇到回车符('\n')为止。gets(a)也会自动在字符串末尾加上'\0'(代替'\n')。

4. 字符数组的输出

(1) 逐个元素输出，如：

```
循环+printf("%c",…);
```

(2) 整体输出，如：

```
printf("%s", 字符数组名);
```

其中，%s 的作用是输出一个字符串，直到遇到'\0'为止。

(3) 字符串输出，如：

```
puts(字符数组名);
```

将一个以 NULL('\0')结尾的字符串输出到屏幕上，并自动换行。

5. 字符串操作函数

字符串输入/输出函数为 gets()和 puts()函数(在头文件 stdio.h 中)。在 C 语言中，对字符串的整体赋值、比较、连接、求字符串的长度、字符串中字母大小写转换提供了大量的字符串处理函数，这些函数包含在头文件 string.h 中。

(1) 字符串拷贝函数：

```
strcpy(目的字符数组, 源字符串);
```

将源字符串拷贝到目的字符数组中，直到遇到源字符串的终止符'\0'为止。

(2) 字符串连接函数：

```
strcat(目的字符数组, 源字符串);
```

将源字符串连接到目的字符数组后面，并删除目的字符数组中字符串后的结束标志'/0'。

(3) 字符串比较函数：

```
strcmp(字符串 1, 字符串 2);
```

对两个字符串从各自第一个字符开始进行逐一比较，直到对应字符不相同或到达串尾为止。函数返回值用来确定比较结果，比较结果有以下三种情况：

- 若函数返回值<0，则表示字符串 1 小于字符串 2。

- 若函数返回值=0，则表示字符串 1 等于字符串 2。
- 若函数返回值>0，则表示字符串 1 大于字符串 2。

(4) 字符串长度函数：

```
strlen(字符串);
```

测试所给字符串的实际字符个数(不包括'\0')。

(5) 小写字母转大写函数：

```
strupr(字符串);
```

把字符串中的小写字母转换为大写字母，其他字符不变。

(6) 大写字母转小写函数：

```
strlwr(字符串);
```

把字符串中的大写字母转换为小写字母，其他字符不变。

4.2 数组上机实验

4.2.1 实验目的

1. 掌握一维数组和二维数组的定义、赋值和输入/输出的方法。
2. 掌握与数组有关的算法(特别是数组的排序)及程序设计方法。

4.2.2 实验内容

1. 给定 10 个数：6，3，42，23，35，71，98，67，56，38。将它们存入数组，分别用冒泡法、选择法、直接法排序。文件名分别命名为 L7-1-1.c、L7-1-2.c、L7-1-3.c。

2. 输入 10 个整数，将其中能同时被 3 和 5 整除的数放到数组 b 中并输出，最后再输出数组 b 的个数。文件名命名为 L7-2.c。

(程序检验参考：输入 2 9 15 35 30 18 60 45 50 27，输出 array b:15 30 60 45，count: 4)

3. 求矩阵 **A** 的转置矩阵 **B**，转置矩阵元素的关系是 $b_{ij}=a_{ji}$。文件名命名为 L7-3.c。

$$\mathbf{A}=\begin{vmatrix}1 & 2 & 3\\4 & 5 & 6\end{vmatrix}$$

4. 利用数组编程输出 Fibonacci 数列前 20 项：1，1，2，3，5，8，13，21，……，每行输出 5 个数，共输出 4 行，文件名命名为 L7-4.c。

5. 编程完成：由键盘输入一个 3 行 5 列的二维数组，输出矩阵中每行的最大值(参考提示：

各行最大值可放在一个一维数组中)。文件名命名为L7-5.c。程序检验参考如下。

输入二维数组：

19 25 36 78 9

12 17 48 11 29

27 56 22 14 18

输出：78 48 56。

4.2.3 实验思考

比较冒泡法和选择法排序的不同。

4.3 字符数组上机实验

4.3.1 实验目的

1. 理解字符数组与字符串的区别。
2. 掌握字符串处理函数的使用，如puts、gets、strcpy、strcmp、strlen、strcat、strlwr、strupr。

4.3.2 实验内容

1. 输入一个字符串，统计其中英文字母、数字字符、空格及其他字符的个数，程序命名为L8-1.c。

2. 编程完成：将键盘输入的字符串中的数字字符转换成比它小1的数字字符，如9换成8，8换成7，……，0换成9，其他字符保持不变，程序命名为L8-2.c。

若输入：ABC123def4590!

则输出：ABC012def3489!

3. 输入3个字符串，按从小到大的顺序输出，程序命名为L8-3.c。

4. 输入一行字符，统计其中有多少单词，所谓“单词”是指连续不含空格的字符串，各单词之间用空格分隔，空格数可以是多个。例如，输入：How are you，输出结果：word=3。程序命名为L8-4.c。

5. 输入一行字符，把每个单词的首字母转化成大写字母，程序命名为L8-5.c。

(例如，输入：How are you，输出结果：How Are You。)

6. 输入一行字符，把该行字符中的空格字符删除，程序命名为L8-6.c。

(例如，输入：How are you，输出结果：Howareyou。)

4.3.3 实验思考

1. 字符数组与字符串的区别。
2. 字符串的比较和赋值。
3. 注意字符串结束标志。

4.4 习题

4.4.1 选择题

1. 若已定义：int a[8];，对数组 a 元素引用正确的是(　　)。
   A. a[-1]　　B. a[5]　　C. a(6)　　D. a[8]
2. 非法的数组定义是(　　)。
   A. int a[5+5]={0};　　B. int a[5]={1,2,3,4,5,0};
   C. int a[10];　　D. int a[10]={0,1,2};
3. 对 int x[5]={5,3,1};语句的功能，描述正确的是(　　)。
   A. 将 3 个初值依次赋给 x[1]至 x[3]，且其他元素值均为 0
   B. 将 3 个初值依次赋给 x[0]至 x[2]，且其他元素值均为 0
   C. 将 3 个初值依次赋给 x[2]至 x[4]，且其他元素值均为 0
   D. 将 3 个初值依次赋给 x[3]至 x[5]，且其他元素值均为 0
4. 以下程序段执行后，a[0]的值为(　)。

```
int a[]={5,4,3,2,1};
a[0]=a[1]+a[2];
```

   A. 5　　B. 7　　C. 9　　D. 3
5. 若已定义：int arr[][3]={1,2,3,4,5,6};，则数组 a 第一维长度是(　　)。
   A. 6　　B. 3　　C. 2　　D. 1
6. 以下程序的运行结果是(　　)。

```
void main( )
{   int a[5]={1},i;
    for(i=0;i<4;i++)
      a[i+1]=a[i]+2*(i+1);
    for(i=0;i<5;i++)
    printf("%d ",a[i]);
}
```

   A. 1　2　3　4　5　　B. 1　3　5　7　9
   C. 1　2　6　15　23　　D. 1　3　7　13　21

7. 以下程序段的运行结果是(　　)。

```
int a[5]={2,4,3,5,6},i,s=0;
for(i=1;i<4;i++)
  s+=a[i-1];
printf("%d\n",s);
```

A. 12　　B. 9　　C. 14　　D. 20

8. 以下程序段的运行结果是(　　)。

```
int a[10]={0,1,2,3,4,5,6,7,8,9},i=0,t;
while(i<=4)
{   t=a[i];
    a[i]=a[9-i];
    a[9-i]=t;
    i++;
}
for(i=0;i<10;i++)
printf("%d",a[i]);
```

A. 0123456789　　B. 9876543210　　C. 2468013579　　D. 1357924680

9. 以下程序的运行结果是(　　)。

```
void main( )
{ int a[3][3]={0},i,j;
  for(i=0;i<3;i++)
  a[i][0]=i+1;
  for(i=0;i<3;i++)
        { for(j=0;j<3;j++)
                printf("%d ",a[i][j]);
                printf("\n");
        }
}
```

A. 1 2 3　0 0 0　0 0 0　　B. 1 0 0　0 2 0　0 0 3

C. 0 0 1　0 2 0　3 0 0　　D. 1 0 0　2 0 0　3 0 0

10. 能正确初始化二维数组 arr 的是(　　)。

A. int arr[2][3]={{1,2},{3,4},{5}};　　B. int arr[2][]={1,2,3,4,5};

C. int arr[2][3]={{1,2},{3,4,5}};　　D. int arr[][]={{1,2},{3,4,5}};

11. 若已定义：int a[ ][4]={{0},{1,2},{3,4,5},{6,7,8,9}};，则 a[2][2]的值为(　　)。

A. 2　　B. 4　　C. 5　　D. 9

12. C 语言中，二维数组元素的存放顺序是(　　)。

A. 按行优先　　B. 由用户自己定义

C. 按列优先　　　　D. 既可以按行优先，也可以按列优先

13. 下列对二维数组 arr 正确定义的语句是(　　)。

A. int arr[3][];　　B. float arr(3,4);　　C. float arr[3][4];　　D. int arr[3,4];

14. 若已定义：int a[4][3]={{1,3},{1},{12,8,5},{7,13,6}};，则 a[3][1]的值是(　　)。

A. 3　　B. 8　　C. 13　　D. 1

15. 若已定义：int a[ ][4]={1,2,3,4,5,6,7,8,9,10,11};，则二维数组 a 的第一维长度是(　　)。

A. 3　　B. 2　　C. 1　　D. 无确定值

16. 数组定义错误的是(　　)。

A. int arr[][3]={{0},{1},{2},{3,2,1}};　　B. int arr[4][3]={{1,2,3},{3},{0}};

C. int arr[3][]={0,1,2,3,4,5,6,7,8,9,10};　　D. int arr[][3]={10,9,8,7,6,5,4,3,2,1};

17. 若已定义：int a[3][5]; a[0][0]是数组存储空间中的第 1 个元素，则 a[1][3]是第(　　)个元素。

A. 7　　B. 9　　C. 8　　D. 6

18. 以下程序段执行后的输出结果是(　　)。

```
int a[3][3]={1,2,3,1,3,2,2,1,3}; int i;
for(i=0;i<3;i++)
    printf("%2d",a[i][0]);
```

A. 2 3 1　　B. 1 1 2　　C. 3 2 3　　D. 1 2 3

19. 以下程序段执行后的输出结果是(　　)。

```
int a[]={2,4,5,7,11},i,s=0;
for(i=0;i<3;i++)
  s+=a[i+1];
printf("%d\n",s);
```

A. 11　　B. 16　　C. 17　　D. 23

20. 以下程序段执行后的输出结果是(　　)。

```
int a[3][3]={11,12,3,4,15,16,7,8,19},i;
for(i=0;i<3;i++)
    printf("%2d ",a[2-i][i]);
```

A. 7　15　3　　B. 11 15　19　　C. 7　4　11　　D. 3　15　7

21. 以下正确描述字符数组的是(　　)。

A. C 语言没有字符串类型变量，可用字符数组实现字符串操作

B. 字符串中可以含有'\0'字符

C. 只能利用赋值语句实现字符数组的整体赋值

D. 字符数组只能存放字符串，不能存放单个字符

22. 以下程序段执行后的输出结果是(　　)。

```
char s[10]= "SUCCESS";
putchar(s[2]-1);
```

A. C　　B. B　　C. U　　D. T

23. 以下程序段执行后的输出结果是(　　)。

```
char s[10]= "diligent";int len=0;
while(s[len])
len++;
printf("%d",len);
```

A. 0　　B. 8　　C. 9　　D. 10

24. 以下程序段执行后的输出结果是(　　)。

```
char s[15]= "cryptomeria";
s[0]-='a'-'A';
putchar(s[0]);
```

A. R　　B. C　　C. Y　　D. M

25. 若已定义：char s3[20], s1[10]="How are ", s2[10]="you";，执行语句 strcpy(s3,strcat(s1,s2));，s3 的值是(　　)。

A. How are　　B. youHow are　　C. How are you　　D. s1 s2

26. 若已定义：char s1[20],s2[20];，能正确从键盘读入字符串的是(　　)。

A. scanf("%s%s",s1,s2);　　B. gets(s1[20],s2[20]);

C. scanf("%c%c",s1[20],s2[20]);　　D. getch(s1,s2);

27. 以下程序段的运行结果是(　　)。

```
char str1[]={ 'Y','o','u','\0','a','r','e','\0','w','e','l'};
char str2[]={'w','e','l','c','o','m','e','\0'};puts(strcat(str1,str2));
```

A. You welcome　　B. Youarewelwelcome

C. You are welcome　　D. Youwelcome

28. 以下程序段的运行结果是(　　)。

```
char s1[7]="abcdef",s2[4]="12";
strcpy(s1,s2);
printf("%s   %c",s1,s1[5]);
```

A. abcdef12　　B. 12　e　　C. 12　ef f　　D. 12　f

29. 以下给字符数组 str 定义和赋值，正确的是(　　)。

A. char str[10]; str={"Look"};

B. char str[10]; strcpy(str,'ABDEfghijklmnxy');

C. char str[10]={'abdefghijklMNXY'};

D. char str[]={"Book"};

30. 以下对字符数组叙述正确的是(　　)。

A. 字符数组只能存放字符串，但不能包含数字字符

B. 可使用 printf 函数实现字符数组中的字符串输出，遇到字符 '\0' 结束输出

C. 可使用 len 函数计算字符数组中字符串的实际长度

D. 可通过赋值语句实现字符数组的整体赋值

31. 若已定义：char str[10]={"ab\0DEF"}; ，则语句 printf("%s",str); 的输出结果是(　　)。

A. ab\0　　B. ab　　C. abDEF　　D. ab\0DEF

32. 若已定义：char stra[20]={"Reference"},strb[20];，则(　　)语句是正确的。

A. strb[]=stra[];　　B. strb[0]=stra[0];

C. scanf("%s",&strb[]);　　D. printf("%s",stra[]);

33. 若已定义：char s[20]={"SuperStar"};，则语句 printf("%d",strlen(s)); 的输出结果是(　　)。

A. 20　　B. 10　　C. 11　　D. 9

34. 以下程序段执行后的输出结果是(　　)。

```
char stra[]="Printer";
char strb[]="Writer";
strcpy(stra,strb);
printf("%s %c",stra,stra[5]);
```

A. Writer r　　B. Printer e　　C. Printer r　　D. Writer e

35. 以下程序段执行后的输出结果是(　　)。

```
char a[]="Language";
int i=0;
 while(a[i])
 {if(a[i]>'a')
     printf("%c",a[i]);
 i++; }
```

A. ge　　B. Langu　　C. nguge　　D. Language

4.4.2　程序填空题

1. 将程序补充完整，程序功能：将二维数组表示的方阵左上半三角(含对角线)各元素乘以3，右下半三角(不含对角线)各元素减5。

```
#include<stdio.h>
#define N 6
void main()
{
  int____________,i,j;
```

```
        for(i=0;i<N;i++)
          for(j=0;j<N;j++)
              a[i][j]=i+j*2+5;
        printf("\nArray a is:\n");
        for(i=0;i<N;i++)
          {
            for(j=0;j<N;j++)
              printf("%3d ",a[i][j]);
            printf("\n");
            }
        for(i=0;i<N;i++)
        ________________
            a[i][j]*=3;
        for(i=0;i<N;i++)
        for( j=N-i;j<N;j++)
            _______________;
        printf("\nArray a is turned:\n");
        for(i=0;i<N;i++)
          {
            for(j=0;j<N;j++)
              printf("%3d ",a[i][j]);
              printf("\n");
          }
}
```

2. 将程序补充完整，函数 find(int a[], int x)的功能是在一组无序且不重复的数据中查找 x，若有则返回 x 在数组中的下标，否则返回−1。

```
#include <stdio.h>
_________ N 10
int find(int a[],int x)
{
   int i;
   for(i=0;i<N;i++)
     {  if(__________)
          return(i);
     }
   return (_________);
}
int main()
{  int a[N]={21,56,-9,0,3,17,18,5,-23,11};
   int f,f_at;
   printf("Input a number to be searched:");
   scanf("%d",&f);
```

```
    f_at=find(a,f);
    if(f_at>=0)
      printf("%d is found,it's at %d\n",f,f_at);
    else
      printf("Not exist.\n");
    return 0;
}
```

3. 将程序补充完整，程序功能：实现删除输入字符串中所有的 b 字母。例如，

输入：akcberbbnv

输出：akcernv

```
#include <stdio.h>
int main()
{  char str[100];
   int  ________;
   printf("Input string :");
   gets(str);
   for(i=j=0; str[i]!='\0'; i++)
       {   if(str[i]!='b')
           {    str[j]=str[i];
                ________;
           }
       }
   str[j]=________;
   printf("Now string is:");
   puts(str);
   return 0;
}
```

4. 将程序补充完整，程序功能：实现将键盘输入字符串中的 0~7 转换成比它大 2 的数字字符，8 转换成 0，9 则转换成 1。例如，

输入：ab56cd89EF12GH43

输出：ab78cd01EF34GH65

```
#include <stdio.h>
#include <string.h>
int main()
{  char s1[100], s2[100];
   int i,s_len;
   printf("Please input string: \n");
   gets(s1);
   s_len =________;
```

```
    for(i=0; i<s_len; i++)
    {
        if(s1[i] >= '0' && s1[i] <= '7')
            s2[i] = s1[i] + 2;
        else if(s1[i] == '8'_______s1[i]=='9')
            s2[i] = s1[i]-8;
        else
            s2[i] = s1[i];
    }
  _________ = '\0';
    puts(s2);
    return 0;
}
```

5. 将程序补充完整，程序功能：fun(char *p,char *b)函数完成将 p 所指字符串中的字符逐个复制到 b 所指字符串中时，在每 4 个字符之后插入 1 个空格。例如，

输入：IAMASTUDENT

输出：IAMA STUD ENT

```
#include <stdio.h>
void fun(char *p,char *b)
{   int i,k=0;
    while(*p)
    {   i=1;
        while(i<=4&&*p)
        {   b[k]=_________;
                k++;
                p++;
                _________;
        }
        if(*p)
        {  ____________;
    k++;
        }
    }
    b[k]='\0';
}
int main()
{   char a[80],b[80];
    printf("Enter a string:");
    gets(a);
    printf("The original string:");
    puts(a);
```

```
    fun(a,b);
    printf("\nThe string after insert space:");
    puts(b);
    printf("\n");
    return 0;
}
```

6. 将程序补充完整，程序功能：完成 fun(char *s,char t[])函数，实现将 s 所指字符串下标为奇数，同时 ASCII 码值也为奇数的字符依次存放在 t 所指的数组中。例如，

输入：ABJKE123HGF

输出：K13G

```
#include <stdio.h>
void fun(char *s,char t[])
{   int i, j=0;
    for (i=0;________;i++)
    if (_________&&_________)
    {  t[j]=s[i];
       j++;
    }
    t[j]=' \0';
    }
    int main()
{  char s[100],t[100];
    printf("\nPlease enter string s: ");
    scanf("%s",s);
    fun(s,t);
    printf("\nThe result is:%s\n",t);
    return 0;
}
```

7. 将程序补充完整，程序功能：完成 fun(int a[N][N],int n)函数，实现将二维数组 a 左下半三角各元素的值乘以 n。例如：n=5，a 数组中的值为 $a=\begin{pmatrix}1 & 2 & 3\\ 4 & 5 & 6\\ 7 & 8 & 9\end{pmatrix}$，则调用函数后 a 数组中的值是 $\begin{pmatrix}5 & 2 & 3\\ 20 & 25 & 6\\ 35 & 40 & 45\end{pmatrix}$。

```
#include <stdio.h>
#define N 3
void fun(int a[N][N],int n)
{for(i=0; i<N; i++)
```

```
    for(j=0; j<=______; j++)
        a[i][j]=___________;
}
int main()
{ int a[N][N] = {{1,2,3},{4,5,6},{7,8,9}};
  int n,i,j;
  printf("Original array is:\n");
  for(i=0; i<N; i++)
   {for(j=0;j<N; j++)
        printf("%6d", a [i][j]);
    printf("\n");
   }
  printf("\nInput n= ");
  scanf("%d",&n);
  fun(______,n);
  printf("\nNow array is:\n");
  for(i=0; i<N; i++)
   {for(j=0;j<N; j++)
        printf("%6d", a[i][j]);
    printf("\n");
   }
  return 0;
}
```

第5章 函数

本章介绍C语言模块化设计的基本技术、模块建立(函数定义)和使用的方法、调用技术和变量在不同模块中的作用方式。本章内容有助于学生从简单程序(单一主函数)设计转向具有开发复杂程序即模块化程序设计能力，也是整个课程学习的重点之一。

本章的主要知识点：函数的概念和分类，定义和调用方法，嵌套与递归技术，局部和全局变量，内部和外部函数。

难点：函数的概念，形参、实参、返回值的概念，递归算法，变量的作用域和生存期。

5.1 基本知识

5.1.1 函数的定义

函数的定义的一般形式：

```
[类型名]函数名([形式参数表])
  {  声明部分
     执行部分
  }
```

无形参数表的函数即无参函数，无函数体的函数为“空函数”。如果函数返回值的数据类型为int，可以省略类型。

5.1.2 函数的调用

函数的调用可以分为调用库函数、调用自定义函数、调用外部函数、函数的嵌套调用和函数的递归调用等。调用库函数时，必须在源程序中用include命令将定义该库函数的头文件“包含进来”。

从函数调用在程序中出现的位置看，函数调用可以分为3种方式。

(1) 函数语句方式：把函数调用作为一个独立的语句，例如：myfac(n);，printf("Input a,b=");。

(2) 函数表达式方式：函数调用作为表达式的组成部分出现在表达式中，这种调用要求从被调函数返回一个确定的值以参加表达式的运算。例如：z=2*myfac(n);。

(3) 函数参数方式：将函数调用作为一个函数的实参。例如：m=min(a,min(b,c));，在这个赋值语句中，min(b,c)是一次函数调用，它作为min函数另一次调用的实参。m的值是a、b、c三者中的最小者。

5.1.3 函数的声明

调用自定义函数时，自定义函数和变量一样，在其主调函数中也必须“先声明，后使用”。遇到以下3种情况时，被调函数在主调函数中可以不先声明。

(1) 被调函数的返回值为整型时，函数值是整型(int)或字符型(char)时，系统自动按整型说明。

(2) 被调函数的定义出现在主调函数之前时。

(3) 在所有函数定义之前，在函数的外部都已做了函数声明时。

5.1.4 函数的返回值

关于return语句的几点说明。

(1) 把程序控制权从函数返回函数调用点有3种方法。

① 执行到函数结束的右花括号时(如果函数没有返回值)。

② 执行到语句return;(如果函数没有返回值)。

③ 把返回值返回调用处，即return表达式;。

(2) 如果函数值类型与return语句表达式值的类型不一致，以函数类型为准(数值型会自动进行类型转换)。

(3) 如果明确表示不需返回值，应使用void作函数返回值的数据类型，否则即使没有return语句，仍将带回一个不确定的值。

(4) 每次函数返回，只能返回一个值。

5.1.5 函数的参数传递

在函数定义时，函数首部形式参数表中的变量是形式参数，即形参；在函数调用中，实际参数表中的参数称为实际参数，即实参。在调用有参函数时，主调函数和被调函数之间通过参数进行数据传递。

关于形参和实参的几点说明如下。

(1) 形参的类型必须在函数定义时指定，但是函数未被调用时，形参并不占内存中的存储单元。只有在发生函数调用时，形参才由系统分配存储单元(与实参单元是不同的单元)，并将实参值传递到形参单元中。

(2) 实参可以是常量、变量或表达式，例如 max(a+b, 8);。但要求它们在发生函数调用时必须有确定的值，以便在调用时将实参的值赋给形参。

(3) 实参的类型与相对应的形参的类型应相同或赋值兼容。

(4) 当形参是简单变量时，实参与形参之间采用“数值传递”方式。

(5) 用数组元素作函数实参时，可把数组元素看作普通变量，即单向传递。

(6) 用数组名作函数实参时，是把实参数组的起始地址传给形参数组。本质是形参中的数组元素与对应实参的数组元素共享同一内存单元，即所谓“双向的地址传送”。调用结果是实参数组和形参数组同下标者同值。

5.1.6 函数的递归调用

递归调用是指在调用一个函数的过程中，出现直接或间接调用该函数本身。

直接递归调用是指调用函数的过程中直接调用该函数本身。

间接递归调用是指调用 f1 函数的过程中调用 f2 函数，而 f2 中又需要调用 f1。

以上均为无终止递归调用。为此，一般要设置递归出口，即用 if 语句来控制，使递归过程到某一条件满足时结束。

若在主函数中用终值 n 调用递归函数，递归函数的一般形式是：

```
递归函数名 f (参数 x)
{  if (n=初值)
   结果=…;
   else
   结果=含 f(x-1)的表达式;
   返回结果(return);
}
```

5.1.7 变量的存储类型和作用域

在 C 语言中，完整的变量定义的一般形式为：

```
存储类型  数据类型  变量名;
```

1. 变量的存储类型

(1) register 型(寄存器型)：变量值存放在运算器的寄存器中，存取速度快，一般只允许 2～3 个，且限于 char 型和 int 型，通常用于循环变量。

(2) auto 型(自动变量型)：变量值存放在主存储器的动态存储区(堆栈方式)。优点是同一内存区可被不同变量反复使用。

(3) static 型(静态变量型)：变量值存放在主存储器的静态存储区，程序执行开始至结束，始终占用该存储空间。

(4) extern 型(外部变量型)：变量值存放在主存储器的静态存储区，其值可供其他源文件使用。

前两种均属于“动态存储”性质，即调用函数时才为这些变量分配单元，函数调用结束其值自动消失。后两种均属于“静态存储”性质，即从变量定义处开始，在整个程序执行期间其值都存在。

2. 变量的作用域

(1) 局部变量。局部变量是函数内部或复合语句内定义的变量，存储类型分为 auto、register 和 static。

① auto 和 register 型变量：所在函数调用结束时，其值自动消失，如不赋初值，取不确定值为初值。

② static 型变量：所有函数调用结束，其值仍保留，如不赋初值，取初值为 0(数值型)或空字符(字符型)。

所有形参都是局部变量。局部变量只在本函数或本复合语句内才能使用，在此之外不能使用(视为不存在)，main 函数也不例外。

(2) 全局变量。全局变量是在所有函数之外定义的变量。全局变量的生存期是整个程序，从程序运行起占据内存，程序运行过程中可随时访问，程序退出时释放内存。有效范围是从定义变量的位置开始到本程序结束。存储类型分为 extern(默认)和 static 型。

① extern 型变量允许本源文件中其他函数及其他源文件使用。

② static 型变量只限本源文件中使用，有效作用范围从定义变量位置开始直到本源文件结束。

如果在同一个源文件中，全局变量与局部变量同名，则在局部变量作用范围内，全局变量不起作用。

5.1.8 外部函数

外部函数是指允许被其他源文件调用的函数。外部函数说明语句：

```
extern 函数名();
```

5.2 函数上机实验(一)

5.2.1 实验目的

1. 掌握函数的定义和调用的方法。
2. 掌握函数实参与形参的对应关系，以及“值传递”的方法。

5.2.2 实验内容

1. 补充程序，完成 fun()函数，结果保留两位小数，程序命名为 L9-1.c。

$$fun()\begin{cases} x^2+0.3x-1.5 & (x<10) \\ 10 & (x=10) \\ |2.5-x^3| & (x>10) \end{cases}$$

输出结果如下：

```
fun(-10.5)=105.60
fun(10.0)=10.00
fun(10.5)=1155.13
```

程序如下：

```
#include <stdio.h>
#include <math.h>
double fun(double x)
{    /*请在下方补充程序*/





}
int main( )
{ printf("fun(-10.5)=%.2lf\n",fun(-10.5)) ;
  printf("fun(10.0)=%.2lf\n",fun(10.0)) ;
  printf("fun(10.5)=%.2lf\n",fun(10.5)) ;
  return 0;
}
```

2. 在下列程序画线处补充程序语句，使得 fun()函数完成如下功能：将正整数 x 中的每位偶数数字依次取出，构成一个新整数 y，并返回输出，程序命名为 L9-2.c。

(程序检验参考：若 x 为 32964，则 y 为 264)

```
#include <stdio.h>
int fun(int x)
{ int y,d,s;
  s=1;
  y=0;
  while(x>0)
  { d=x%10;
    if( d%2==______①______)
    { y=s*d+y;
      s=s*10;
    }
    x=______②______;
```

```
    }
    return ______③______;
}
int main( )
{   int x,y;
    do
    {   printf("Input integer x(x>0): ");
        scanf("%d",&x);
    }   while(x<0);
    y=fun(x) ;
    printf("x=%d\ny=%d\n",x,y) ;
    return 0;
}
```

3. 编写程序输出 100~999 能被 8 整除且左右对称的三位数，其中数的判断部分通过编写fun(int m)函数来完成，并写出运行结果。例如 232 是满足条件之一(参考提示：100~999 共有 10个数满足条件)，程序命名为 L9-3.c。

4. 输入一个数，在数组 a{1, 6, 9, 12, 14, 18, 19, 22, 25, 27, 29, 30, 35, 36, 39}中用折半查找法查找，若找到，显示其在数组中的位置。若找不到，提示 No found!。要求编写自定义函数 int srch(int a[],int x,int left,int right)函数，该函数用折半查找法在数组 a 中指定的下标范围内 left 和 right 之间查找 x，若找到，返回数组所在的下标，否则返回 –1，程序命名为 L9-4.c。

5. 编写一个函数 prime(int n)，判断主调函数传递的整数 n 是否为素数。若是，返回 1；否则，返回 0。在主函数中输入一个整数 m，通过调用 prime(m)函数输出 m 是否为素数的信息，将程序命名为 L9-5.c。

5.2.3 实验思考

1. 总结函数的定义及调用方法。
2. 总结函数中形参和实参的结合规则。

5.3 函数上机实验(二)

5.3.1 实验目的

1. 掌握函数的嵌套调用和递归调用的方法。
2. 掌握函数实参与形参的对应关系，以及“地址传递”的方法。
3. 掌握全局变量和局部变量、动态变量和静态变量的概念和使用方法。

5.3.2 实验内容

1. 编写一个 fun(int a[][3],int b[3*3])函数，将二维数组 a 表示的 3×3 矩阵中的正整数逐行逐列依次存入一维数组 b 中，并返回 b 数组元素的个数，在主函数中输出数组 b 中元素，程序命名为 L10-1.c。

例如：输入矩阵 $\begin{bmatrix} -1 & 7 & 6 \\ 8 & -4 & -9 \\ 4 & 2 & -5 \end{bmatrix}$，输出数组 b 为：7 6 8 4 2。

2. 补充编写 float fun(int a[],int b[])函数，完成将数组 a 中下标为奇数的元素依次存放到数组 b 中，并返回 a 数组下标为偶数的所有元素平均值，并在主函数中输出数组 b 及返回的平均值，程序命名为 L10-2.c。

```
#include <stdio.h>
#define N 10
float fun(int a[],int b[])
{ /*请在下方补充程序*/




}
int main()
{
    int a[N],b[N]={0},i;
    float aver;
    printf("Iput Array a:\n");
    for(i=0;i<N;i++)
        scanf("%d",&a[i]);
    aver = fun(a,b);
    printf("Array b:\n");
    for(i=0;i<N/2;i++)
        printf("%d    ",b[i]);
    printf("\nAver is :%.2f",aver);
    return 0;
}
```

3. 用递归方法编写反序逐位输出一个整数的递归函数 f(x)。编制一个主函数，由键盘输入一个最多 5 位的整数，调用递归函数 f(x)反序逐位输出该整数，程序命名为 L10-3.c。

4. 用递归函数编程实现：输入的一行字符逆序输出。例如，输入 input a string，输出 gnirts a tupni，程序命名为 L10-4.c。

5. 编写一个递归函数 transfer(n)，其功能是将一个十进制正整数 n 转换为二进制数。转换方法为“除 2 取余”。然后编制一个主函数，在主函数中输入一个十进制正整数 n，调用 transfer(n)

函数转换并输出二进制数，程序命名为L10-5.c。

5.3.3 实验思考

总结值传递和地址传递的区别。

5.4 习题

5.4.1 选择题

1. 函数调用中，若实参为数组名，则传递给对应形参的是(　　)。

   A. 数组首元素的值　　B. 数组的长度

   C. 数组的首地址　　D. 数组中每个元素的值

2. 下列关于函数定义与调用叙述正确的是(　　)。

   A. 函数的定义允许嵌套，但函数的调用不允许嵌套

   B. 函数的定义不允许嵌套，但函数的调用允许嵌套

   C. 函数的定义和调用都不允许嵌套

   D. 函数的定义和调用都允许嵌套

3. 若已定义fun()函数有一具体返回值，下列关于fun()函数调用叙述错误的是(　　)。

   A. fun()函数可以作为另一个函数的形式参数

   B. fun()函数可以出现在表达式中

   C. fun()函数可以作为printf()函数的输出项

   D. fun()函数可以作为另一个函数的实际参数

4. 下列叙述正确的是(　　)。

   A. 函数至少要有一个返回值

   B. 形参是变量名时，实参也只能是变量名，不可以是表达式

   C. 函数的形参在被调用前是没有确定值的

   D. 函数的形参和对应的实参个数应相等，类型可以不兼容

5. 函数若无返回值，则函数的返回值类型应定义为(　　)。

   A. int　　B. float　　C. void　　D. char

6. 下列叙述错误的是(　　)。

   A. 在函数内部定义的变量是局部变量

   B. 在函数外部定义的变量是全局变量

   C. 函数的形参是局部变量

   D. 局部变量不能与全局变量同名

7. 以下程序段中函数调用语句fun((a,b),m); 的实参值是(　　)。

```
int a=1,b=2,m=3;fun((a,b),m);
```

A. 2,3 B. 3,3 C. (1,2),3 D. 1,3

8. 以下语句中 fun( )函数所含的实参个数有( )个。

```
fun(3,2,5+6);
```

A. 4 B. 3 C. 11 D. 16

9. 以下程序的运行结果是( )。

```
int fun( int k)
{    switch(k)
     { case 2:  k++;
       case 3:
       case 4:  k++;
       default:  k++;
     }
     return k;
}
int main( )
{    printf("%d\n",fun(2));
     return 0;
}
```

A. 2 B. 3 C. 4 D. 5

10. 以下程序的运行结果是( )。

```
#include <stdio.h>
int fun(int x, int y)
{   int z;
    z=x>y?x:y;
    return(x+z);
}
int main()
{   int a=6,b=3;
    printf("%d\n",fun(a,b));
    return 0;
}
```

A. 12 B. 9 C. 7 D. 4

11. 以下程序的运行结果是( )。

```
#include<stdio.h>
int fun(int  x,int y)
{ return x+y;
}
int main()
```

```
{    printf("%d\n",fun(2,3));
     return 0;
}
```

A. 2　　B. 3　　C. 5　　D. 6

12. 以下程序的运行结果是(　　)。

```
#include<stdio.h>
int fun()
{ static int i=0;
    i++;
    return i;
}
int main()
{ int j;
    for(j=1; j<=2; j++)
      printf("%d ",fun());
      return 0;
}
```

A. 1 1　　B. 1 2　　C. 2 1　　D. 2 2

13. 以下程序的运行结果是(　　)。

```
#include<stdio.h>
int fun(int x,int y)
 {    return x>y?x:y;
 }
int main()
{    printf("%d ",fun(2,3));
     return 0;
}
```

A. 1　　B. 2　　C. 3　　D. 5

14. 以下程序的运行结果是(　　)。

```
#include<stdio.h>
int a=10;
void fun()
{ a=100;
}
int main()
{    a++;
     fun();
     printf("%d\n",a);
```

```
    return 0;
  }
```

A. 0　　B. 1　　C. 10　　D. 100

15. 以下程序的运行结果是(　　)。

```
#include<stdio.h>
void fun()
{ int a=10;
  printf("%d ",a);
}
int main()
{     int a=100;
      fun();
      printf("%d\n",a);
      return 0;
}
```

A. 10 100　　B. 10 10　　C. 100 10　　D. 100 100

16. 以下程序的运行结果是(　　)。

```
#include<stdio.h>
int fun(int x,int y)
{ return(x*y+10);
}
int main()
{ int a=13,b=2,c;
  c=fun(a,b);
  printf("c=%d\n",c);
  return 0;
}
```

A. c=36　　B. 24　　C. c=25　　D. 26

17. 以下程序的运行结果是(　　)。

```
#include<stdio.h>
void fun(int b)
{    int a;
     a=++b;
     printf("%d    ",a);
}
int main()
{    int a=3,b=5;
     fun(b);
```

```
    printf("%d  ",a);
    return 0;
}
```

A. 3　6　　　B. 6　3　　　C. 3　3　　　D. 6　6

18. 以下程序的运行结果是(　　)。

```
#include<stdio.h>
int main( )
{ int fun(int, int);
  int a=5,b=2,c;
  c=fun(a,b);
  printf("%d,", c);
  c=fun(a,b);
  printf("%d\n",c);
  return 0;
}
int fun(int x, int y)
{ static int m=2;
  m+=x+y;
  return m;
}
```

A. 7,9　　　B. 7,16　　　C. 9,9　　　D. 9,16

19. 以下程序的运行结果是(　　)。

```
#include<stdio.h>
int fun(int x)
{   static int y=1;
    y=y+x;
    return(y);
}
int main()
{ int i,s=0;
for(i=1;i<=2;i++)
        s=s+fun(2);
        printf("%d\n",s);
        return 0;
}
```

A. 4　　　B. 6　　　C. 8　　　D. 5

20. 以下程序运行结果是(　　)。

```
#include<stdio.h>
```

```
int fun(int n)
{   int s;
    if((n==1)||(n==2))
        s=2;
    else
        s=n+fun(n-1);
    return s;
}
int main()
{ int a;
  a=fun(3);
  printf("%d\n",a);
  return 0;
}
```

A. 3　　　　B. 8　　　　C. 5　　　　D. 10

5.4.2　程序填空题

1. 将程序补充完整，其中 fun()函数功能为计算如下分数的前 n 项之和，例如：n=8 时，输出 fun(8)=13.243746。

$$\text{fun}(n)=\frac{2}{1}+\frac{3}{2}+\frac{5}{3}+\frac{8}{5}+\frac{13}{8}+\frac{21}{13}+\cdots$$

程序如下：

```
#include <stdio.h>
________________
{ double y = 0.0;
  int a=2,b=1,c,k;
  for(k=1; k<=n; k++)
  { y+=___________;
    c=a;
    ____________;
    b=c;
  }
  return y;
}
int main()
{ printf("fun(8)   = %lf\n", fun(8));
  return 0;
}
```

2. 将程序补充完整，其中 sort()函数功能为用选择法对数组 a 中 n 个元素按从大到小排序，

程序如下：

```
#include <stdio.h>
#include <math.h>
void sort(int a[], int n)
{ int i, j, k, temp;
  for( i = 0; i < n-1; i++ )
  { k = i;
     for(_________; j< n; j++)
          if(______________)
               k=j;
        if( k != i )
             { temp=_______;
               a[k]=a[i];
               a[i]=temp;
             }
   }
}
int main()
{ int a[] = {50,25,88,32,2,65,7,64};
  int i,n = sizeof(a)/sizeof(int);
  sort(a,n);
  for(i=0; i<n; i++)
      printf("%d   ",a[i]);
  printf("\n");
  return 0;
}
```

3. 将程序补充完整，其中 count()函数功能为统计字符串中字母 a 的个数，程序如下：

```
#include <stdio.h>
#include <string.h>
int count(____________)
{ int n=0;
      char *p=_________;
      while(*p)
      {  if(*p=='a') n++;
            ___________;
      }
      return n;
}
int main()
{ char s[255];
      printf("Enter a string:");
```

```
    gets(s);
    printf("Count of a is:%d\n",count(s));
    return 0;
}
```

4. 将程序补充完整，程序的功能：将一个输入的整数中各位上为奇数的数取出，并按原来从高到低位相反的顺序组成一个新数。例如，输入3567431，则输出13753。程序如下：

```
#include <stdio.h>
int  fun(int  n)
{ int x=0,t=0;
    while(n)
    { t=n%10;
      if(t%2!=_______)
            x=_________+t;
            n=_________;
    }
    return x;
}
int main()
{ int n=-1;
    while(n>99999999||n<0)
    { printf("Please input(0<n<1000000000):");
      scanf("%d",&n);
}
    printf("\nThe result is:%d\n",fun(n));
    return 0;
}
```

5. 将程序补充完整，函数InsertHead()的功能：将整数x插入数组a的第一个元素之前。例如，数组a中原来n个元素依次为：1,12,3,14,5,16,7,18,9,10，插入新元素20后，各元素依次为20,1,12,3,14,5,16,7,18,9,10。

输入：20

输出：20　1　12　3　14　5　16　7　18　9　10

程序如下：

```
#include<stdio.h>
void InsertHead(int a[],int n,int x)
{ int i;
  for(i=n-1;_________; i--)
     a[i+1]=a[i];
  ____________;
}
```

```
int main()
{ int data[11]={1,12,3,14,5,16,7,18,9,10},x,i;
  printf("Pleae input x:");
  scanf("%d",&x);
  InsertHead(________________);
  for(i=0;i<11;i++)
    printf("%-4d",data[i]);
  printf("\n");
  return 0;
}
```

6. 将程序补充完整，函数 p_factor(int x)的功能：实现输出正整数 x 的所有真因子(除了 1 和 x 以外)，若无真因子则提示为素数。例如，X 为 13，则输出：13 is a prime number!；X 为 16，则输出：2 4 8。

程序如下：

```
#include <stdio.h>
void p_factor(int x)
{ int i, mark;
     ________________
     for(i=2;i<=x/2;i++)
        if(_________==0)
        {  mark=1;
             printf("%2d ",i);
        }
        if(!mark)
          printf("%d is a prime number!",x);
        printf("\n");
}
int main()
{ int a;
  printf("Input a number:");
  scanf("%d",&a);
  p_factor(________);
  return 0;
}
```

7. 将程序补充完整，函数 r_shift(int a[ ])的功能：实现将数组 a 各元素循环右移 1 个位置，最后一个元素存到首位。例如，

数组 a 元素为：1 3 5 7 9 10 8 6 4 2

循环右移后为：2 1 3 5 7 9 10 8 6 4

程序如下：

```
#include <stdio.h>
#define N 10
void r_shift(int a[])
{ int i,temp;
  temp=a[N-1];
  for(i=N-1;__________; i--)
  a[i]=__________;
  a[0]=__________;
}
int main()
{ int arr[N]={1,3,5,7,9,10,8,6,4,2},i;
      printf("Original array is:\n");
      for(i=0;i<N;i++)
         printf("%d ",arr[i]);
      r_shift(arr);
      printf("\nNow array is :\n");
      for(i=0;i<N;i++)
         printf("%d ",arr[i]);
      return 0;
}
```

8. 使用递归调用函数的方法进行程序填空：n 由键盘输入(t≤n≤30)，用递归的算法求 $1^2+2^2+3^2+\cdots+n^2$ 的值。例如，输入：26，输出：Sum=6201。程序如下：

```
#include <stdio.h>
int fun(int n)
{ int s;
  if( ___________ )
     s=1;
  else
    s=n*n+ ______________;
  return (s);
}
int main()
{ int n;
   printf("Input n:");
   scanf("%d",&n);
   if( _________ || n>30)
     printf("%ld is error!\n",n);
   else
     printf("Sum=%d\n",fun(n));
   return 0;
}
```

9. 使用递归调用函数的方法进行程序填空，完成 fun(int n)函数，根据输入的 n 返回广义斐波那契数列 1, 1, 1, 3, 5, 9, 17, 31, 57…的第 n 项值。递推公式如下：

$$f(n)=\begin{cases}1 & (n=1)\\ 1 & (n=2)\\ 1 & (n=3)\\ x_n=x_{n-1}+x_{n-2}+x_{n-3} & (n\geqslant 4)\end{cases}$$

程序如下：

```
#include <stdio.h>
int fun(int n)
{   int y;
    if (______________)
        y=1;
    else
        y= ________________;
    return y;
}
int main()
{   int n;
    printf("Input n(n>=1): ");
    scanf("%d",&n);
    printf("fun(%d) =%d \n ",n, __________);
    return 0;
}
```

第6章 指　针

本章介绍号称“C语言精华”的重要概念——指针及其使用技术。指针是C程序中概念最复杂、使用最灵活而初学者最容易出错的，而学习和掌握指针又是学好后续章节的重要前提。所以本章的教学是整个课程的最大难点所在，而解决难点的关键在于务必使学生切实理解各种形式指针的概念及其区别。本章也是整个课程学习的一个重点。

本章的主要知识点：指针的概念、定义和引用方法，数组与指针，字符数组/字符串与指针，指针数组和指向数组的指针。

难点：不同类型指针在概念和使用方法上的区别，多维数组指针的使用，字符串指针的使用，指针数组的使用。其中最难的是指针与多维字符数组(字符串)等混合使用的情况。

6.1 基本知识

指针是一个值为内存地址的变量(或数据对象)。

6.1.1 地址和指针变量

内存单元以字节为单位，每个字节都有一个编号，即地址。

指针变量就是指存放指针(地址值)的特殊变量。

指针变量的定义方法：

```
类型标识符  *变量名
```

例如：

```
int *a;
char *b;
float *c;
```

此处，指针变量 a、b、c 分别指向某个未确定的整型变量、字符变量和实型变量。但指针变量 a、b、c 本身是整数(地址)。

指针变量可以通过变量说明语句或赋值语句进行初始化。可以把指针变量初始化为 0、NULL 或某个地址。具有 NULL 或 0 值的指针不指向任何变量(空值指针)。NULL 是在 stdio.h 中定义的符号常量。值 0 是唯一能够直接赋给指针变量的整数值。

【注意】在指针 p 指向某个实体的地址之前，不可对*p 进行赋值，否则可能发生意想不到的错误(p 为危险指针，随便指向某个单元)。

6.1.2 指针变量的运算

1. 与指针有关的运算符

与指针有关的运算符有取地址运算符&、指针运算符*。

若有 int *p, a=5; p=&a;，则*p 代表变量 a 的值 5。

若有 int *p, a[3]={1,2,3}; p=a;，则*p 代表数组元素 a[0]的值 1。

若有 int *p, a[3]= "abcd"; p=a;，则*p 代表 a 中的首字符'a'。

【注意】&与*组合使用时，&开头为地址，*开头为变量值，&和*可以看作互相“抵消”。

若有 int a, *p; p=&a;，则&*p= &a = p; *&a = a = *p。

2. 指针变量的算术运算

指针变量算术运算只有加、减两种，如 p+5、p++、p-1、p--等。注意：加减运算是以实体为单位，而不是以字节为单位。

此外，两个指针变量可以相减，即如果两个指针变量指向同一数组时，两个指针变量值之差是两个指针之间的元素个数。但两个指针变量相加并无实际意义。

3. 指针的逻辑比较

指针变量指向同一个对象(如数组)的不同单元地址时，才可以进行比较。地址在前者为小。任何指针变量或地址都可以与 NULL 作相等或不相等的比较。如 if(p==NULL)…。

6.1.3 指针与一维数组

数组是一个线形表，被存放在一片连续的内存单元中。当一个指针变量被初始化成数组名时，就说明该指针变量指向了数组，即数组首地址，也是数组第一个元素的地址。

对于一维数组 int a[10] ,*p; p=a;或 p=&a[0];，数组名 a 代表数组首地址，即 a=&a[0]，a+i=&a[i]，*a=a[0]，*(a+i)=a[i]。指针变量 p 代表数组元素的地址。p 是变量，并不固定表示首地址，p=a 只是特例，可以重新赋值。可以用 p+i 表示数组元素 a[i]的地址，如 p+5，即 &a[5]。可以用 p[i]，*(p+i)或*(a+i)表示数组元素 a[i]。

6.1.4 指针与二维数组

二维数组分为行性质的指针和列性质的指针。

行指针：a+i、&a[i]表示第 i 行首地址，指向行。

列指针：*(a+i)+j、a[i]+j、&a[i][j]表示第 i 行第 j 列元素地址，指向列。

二维数组的行地址、列地址和值的关系为：

行指针 ⇄（前加* / 前加&）列指针 ⇄（前加* / 前加&）值

在二维数组中，若定义 int *p;，则 p 默认为列性质的指针变量，只能将二维数组中列性质的指针赋值给 p，例如 int a[2][3],*p=a[0];。

若想将行性质的指针赋值给指针变量，则要定义指向行数组的指针变量。

定义格式：

```
int (*p)[n]     /*n 为二维数组的列数*/
```

例如，

```
int a[2][3], int (*p)[3]=a;
```

6.1.5 指针与字符数组

字符数组和字符指针变量的主要区别如下。

(1) 存储格式不同。如果定义了一个字符数组，在编译时为它分配内存单元，那么它有确定的地址。字符数组存放的是整个字符串。而定义一个字符指针变量时，给指针变量分配内存单元，在其中可以放一个字符变量的地址。字符指针变量存放的是字符串首地址(第一个字符的地址)，而不是将字符串放到字符指针变量中。例如：

```
char *p, str[10];
p = str;
scanf("%s", p);
```

字符数组 str 有确定的地址，字符指针 p 有确定值(p 指向 str 数组的首元素)，输入一个字符串，把它存放在以该地址开始的若干单元中。

(2) 性质不同。字符数组名 str 是地址常量，不能改变，只能指向字符串首地址。字符指针 p 是地址变量，可以改变，指向不同的字符。例如，str++是错误的，但允许出现 p++。

(3) 赋初值方式不同。对于字符数组初始化，只能对各个元素赋初值：

```
char str[14] = {"I love you!"};
```

不等价于

```
char str[14]; str = "I love you!";     /*对数组名赋值是错误的*/
```

而对于字符指针变量，可采用如下赋初值：

```
char *a = "I love you!";
```

等价于

```
char *a; a = "I love you!";
```

赋值给 a 的是字符串第一个元素的地址。

6.1.6 指针作为函数参数

归纳起来，如果要把一个实际参数的起始地址传递到另一个函数中，实参和形参的表示形式可以有以下 4 种情况。

(1) 主调函数中的实参为数组名 a；被调函数中的形参为数组名 b。

(2) 主调函数中的实参为数组名 a；被调函数中的形参为指针变量 x。

(3) 主调函数中的实参为指针变量 p(p=a)；被调函数中的形参为数组名 b。

(4) 主调函数中的实参为指针变量 p(p=a)；被调函数中的形参为指针变量 x。

其本质都是将数组名 a 或指针变量 p 所代表的数组首地址，传给形参首地址 b 或 x。

6.2 指针上机实验

6.2.1 实验目的

1. 掌握指针变量的定义与引用。
2. 熟练使用函数指针、数组指针、字符串指针编写应用程序。

6.2.2 实验内容

注：本实验习题要求全部用指针完成。

1. 所给程序段是把从键盘输入的一行字符作为字符串放在字符数组中，然后输出。请填空。

```
int i;
char s[80],*p;
for(i=0;i<79;i++)
{ s[i]=getchar();
     if (s[i]=='\n')
          break;
}
s[i]=___①___;
p=___②___;
while(*p)
putchar(*p++);
```

2. 用指针编写程序，要求：输入任意字符串，不使用 strlen()函数，求该字符串长度并输出。提示：定义一个字符数组并输入一个字符串，定义一个指向字符串的指针变量 p，并将字符数组的首地址赋值给 p，然后判断*p 是否为'\0'，如果不为'\0'，则进行 len++的操作，直到遇到'\0'为止。然后输出 len 值，程序命名为 L11-2.c。算法如下：

(1) 定义数组 a，指针变量 p。

(2) 定义 int len=0;。

(3) 输入数组 a(可用 gets()函数)，把指针 p 指向 a。

(4) 当*p!= '\0'时，重复执行，否则循环终止。

(5) len=len+1;。

(6) p++;。

(7) 输出 len 的值。

3. 不使用 strcpy()和 strcat()函数，用指针编写一个程序将字符串 s2 串到 s1 之后。如输入字符串 s1：abcd，字符串 s2：xyz，将 s2 串接到 s1 之后，字符串 s1 为：abcdxyz，程序命名为 L11-3.c。

4. 使用指针完成编程。要求输入一个字符串，将字符串中所有奇数位置上的小写英文字母转换成大写字母，其余不变，按照字符串首字符为第 1 位字符，以此类推，程序命名为 L11-4.c。例如，

输入字符：abc12de3

输出字符：AbC12dE3

5. 使用指针完成编程，要求输入任意字符串，将字符串中的数字字符按其先后顺序存储于另一个数组中并输出，程序命名为 L11-5.c。例如，

输入：ab2c3de56f4g

输出：23564

6. 完成 sort_s()函数，实现对输入的字符串按 ASCII 码升序排序，程序命名为 L11-6.c。例如，

输入：ab82#TxB

输出：#28BTabx

```
#include <stdio.h>
#include <string.h>
void sort_str(char *s)
{ /*请在下面将 sort_str( )函数编写完整，排序方法自己选择*/




}
int main()
{
  char str[80];
  gets(str);
  sort_str(str);
  puts(str);
```

```
    return 0;
}
```

7. 编写一个函数 invert()，将数组中 n 个数按反序存放。在主函数中输入 10 个数，调用函数 invert()，并输出排好序的数，要求用指针完成，程序命名为 L11-7.c。

6.2.3 实验思考

1. 总结有关指针的数据类型。

2. 总结指针运算。指针运算符有&、*、++、--、+、-。

3. 总结用指针作为函数参数与用普通变量作为函数参数的不同之处和使用场合。

(1) 用指针作为函数参数，可以实现“调用函数改变变量的值，在主调函数中使用这些改变的值”。

(2) 数组的指针是指数组的起始地址(首地址)，数组元素的指针是指数组元素的地址，数组名代表数组的首地址是地址常量。

6.3 习题

6.3.1 选择题

1. 语句 int *point; 的含义是(　　)。
   A. point 是一个指针函数，该函数的返回值为指针值
   B. point 是一个整型变量
   C. point 是一个指向一维数组的指针变量
   D. point 是一个指向整型数据的指针变量

2. 若已定义 int a=8;，则语句 int *p=&a;可解释为(　　)。
   A. 变量 a 所在单元地址赋予指针变量 p 所指向的变量
   B. 将指针变量 p 赋给变量 a
   C. 在对指针变量 p 进行定义的同时，使 p 指向 a
   D. 将变量 a 的值赋给指针变量 p

3. 若已定义：int a[6]={1,2,3,4,5,6},*p;，下列赋值语句不合理的是(　　)。
   A. p=a;　　B. p=a[0]　　C. p=&a[0];　　D. p=&a[0]+1;

4. 若已定义：int a=5, *p1=&a; float b=5.1,*p2=&b;，下列正确的赋值语句是(　　)。
   A. p1=*(a+1);　　B. p2=b;　　C. b=*p1+*p2;　　D. *p2=*a;

5. 若已定义：int a[5]={1,2,3,4,5},*pa=a;，下列叙述正确的是(　　)。
   A. pa 与 a[0]的值相等　　B. a++与 pa++的作用相同
   C. pa[0]与 a[0]的值相等　　D. pa+2 与 a[2]的值相同

6. 若已定义：int a[5]={1,2,3,4,5};，执行*p=a;后能表示 a[1]地址的是(　　)。

A. a++　　B. p++　　C. a[1]　　D. p[1]

7. 若已定义：int x=3,*px; ，执行语句 px=&x;后，能正确表示变量 x 所在单元地址的是(　　)。

A. *px,x　　B. *px,&x　　C. px,x　　D. px,&x

8. 若已定义：int a=5,*pa;，实现指针变量 pa 正确赋值的语句是(　　)。

A. *a=&pa;　　B. pa=&a;　　C. *pa=&a;　　D. &pa=a;

9. 若已定义：int a=2,*p=&a, b=5,*q=&b;，下列运算无意义的是(　　)。

A. q+p　　B. *q+*p　　C. q-p　　D. *q-*p

10. 以下程序的运行结果是(　　)。

```
void main( )
{ int a=3,b=4,c;
int *p1,*p2;
p1=&a;   p2=&b;
p2=p1;
c=*p1+2*(*p2);
printf("%d\n",c); }
```

A. 9　　B. 7　　C. 15　　D. 11

11. 以下程序的运行结果是(　　)。

```
int a[]={16,17,18,9,10},*p;
p=a;
*p=*(p+2)+5;
printf("%d,%d",*p,*(p+2));
```

A. 17,22　　B. 22,17　　C. 23,18　　D. 18,23

12. 以下程序的运行结果是(　　)。

```
void fn(int x, int y, int *p)
{*p=x+y;}
void main( )
{ int a,b; fn(1,2,&a); fn(3,a,&b);
  printf("a=%d,b=%d\n",a,b);
}
```

A. a=3,b=3　　B. a=3,b=6　　C. a=6,b=6　　D. a=1,b=3

13. 以下程序的运行结果是(　　)。

```
int a[10]={1,2,3,4,5,6,7,8,9,10}, *p;
int sum=0;
for(p=a;p<a+10;p++,p++)
  sum+=*p;
```

```
printf("%d", sum);
```

A. 15　　B. 25　　C. 20　　D. 45

14. 以下程序的运行结果是(　　)。

```
int a[10]={1,2,3,4,5,6,7,8,9,10}, *p; int i;
p=a;
for(i=1;i<10;i++,i++)
   printf("%d,",*(p+i));
```

A. 2,4,6,8,10,　　B. 1,3,5,7,9,　　C. 1,2,3,4,5,6,7,8,9,10,　　D. 5,6,7,8,9,10,

15. 以下程序的运行结果是(　　)。

```
void main( )
{ int a[2][3]={{1,2,3},{4,5,6}};
  int i,*p; p=a;
  for(p=a;p<a[0]+5;p++)
  printf("%d ",*p);
  printf("\n");
}
```

A. 1 2 3 4 5 6　　B. 1 2 3 4 5　　C. 1 2 3　　D. 1 4 2 5 3 6

16. 以下程序的运行结果是(　　)。

```
void main( )
{ int a=1,b=2;
  int *pa=&a,*pb=&b;
  *pa=*pb; *pb=*pa;
  printf("%d,%d\n",a,b);
}
```

A. 1,1　　B. 1,2　　C. 2,1　　D. 2,2

17. 以下程序的运行结果是(　　)。

```
char str[]="engine", *p;
p=str;
while(*p!='i')
{ printf("%c", *p-32);
  p++; }
```

A. EN　　B. ENGine　　C. ENG　　D. ENGINE

18. 以下程序的运行结果是(　　)。

```
void fn(int *p,int n)
{ int j;
```

```
    for(j=0; j<n; j++)      *(p+j)+=1;
}
void main( )
{   int a[3]={1,2,3};
    int i;
    fn(a,3);
    for(i=0;i<3;i++)
        printf("%d ",*(a+i));
}
```

A. 1 2 3　　B. 2 3 4　　C. 3 4 5　　D. 3 3 4

19. 以下程序的运行结果是(　　)。

```
char str[]="xc6bc5acbCd?",*p;
int n=0;
p=str;
while(*p)
 {if(*p=='c')
    n++;
    p++;
 }
printf("%d",n);
```

A. 5　　B. 4　　C. 3　　D. 2

20. 以下程序的运行结果为(　　)。

```
#include<stdio.h>
int main()
{ int i=0;
  char str[30]="I Have A Dream!";
      while(*(str+i))
      { if(*(str+i)>='A'&&*(str+i)<='Z') *(str+i)+='a'-'A';
       i++;
      }
puts(str);
return 0;
}
```

A. i have a dream!　　B. I HAVE A DREAM!

C. I have a dream!　　D. I Have A Dream!

6.3.2 程序填空题

1. 以 swap()函数实现两个变量值的交换。

```
#include <stdio.h>
void swap(int *p, _________)
{ int temp;
     temp = *p;
     _________;
     *q = temp;
}
int main()
{ int a,b;
   printf("Input 2 numbers:\n");
   scanf("%d%d",&a,&b);
   printf("\nOriginal: a=%d      b=%d\n",a,b);
   ____________;
   printf("Now: a=%d      b=%d\n",a,b);
   return 0;
}
```

2. 实现利用指针 s1 和 s2 分别指向的字符串中大写字母个数的差值，例如 s1 指向的字符串为"No.12C"有 2 个大写字母，s2 指向字符串为"FAST2m"有 4 个大写字母，则输出结果为－2。

程序如下：

```
#include <stdio.h>
int main()
{ int n1=0,n2=0;
   char a[64],b[64],*s1=a, _________;
   printf("Please input string a:");
   gets(a);
   printf("Please input string b:");
   gets(b);
   for( ;*s1;s1++)
       if(*s1>='A'&&*s1<='Z')
       ______________;
   for( ;*s2;s2++)
       if( ______________________ )
          n2++;
   printf("Difference:%d",n1-n2);
   return 0;
}
```

3. 将数组 a 中的字符串，从第 at 个字符开始连续的 len 个字符拷贝到数组 b 中。

例如，a 中字符串为：abcMNB236!。

当 at=2，len=3 时，b 中的字符串为：bcM。

当 at=3，len=8 时，b 中的字符串为：cMNB236!。

程序如下：

```
#include <stdio.h>
#include <string.h>
int main()
{ char a[20]="abcMNB236!", b[20];
  int at,len,k,i,j;
  j= ______;
  k=strlen(a);
  do
  { printf("Input at,len(要求其中 at>0, len>0,at+len-1<=strlen): ");
      scanf("%d,%d",&at,&len);
  }while( at<=0 || len<=0 || at+len-1>k);
  for(i=at-1;i<at-1+len;i++)
  { b[j]=_________;
      j++;
  }
  b[j]=__________;     /*给 b 数组中字符串加结束标记*/
  printf("String a: %s\n",a);
  printf("String b: %s\n",b);
  return 0;
}
```

4. 将字符数组 a 中的字符按逆序存放。例如 a 中原字符串为：abcde123，逆序后 a 数组中的字符串为：321edcba。

程序如下：

```
#include <stdio.h>
____________________
int main()
{ char a[20]="abcdc123",t;
  int i,j,len;
  printf("Original string a: \n");
  puts(a);
  len=strlen(a);
  j= _______________;
  for(i=0; i<len/2; i++,j--)
  {    t=a[i];
       _________;
       a[j]=t;
  }
  printf("Now string a: \n");
  puts(a);
  return 0;
}
```

5. 使用指针完成编程，程序功能：输入任意字符串，将字符串中的数字字符按其先后次序存储于另一个数组中并输出，例如，

输入：ab2c3de56f4g

输出：23564

程序如下：

```
#include <stdio.h>
int main()
{   char s[100], n[100],*p=s;
    int i;
    gets(s);
    for(i=0;*p!='\0';p++)
       if(*p>='0'&&__________)
          { n[i]=_____;
            i++;
    }
    ________='\0';
    printf("The result is %s\n",n);
    return 0;
}
```

6. 使用指针完成编程，程序功能：输入一个字符串，将字符串中所有奇数位置上的小写英文字母转换成大写字母，其余不变，按照字符串首字符为第 1 位字符，以此类推。例如，

输入字符：abc12de3

输出字符：AbC12dE3

程序如下：

```
#include <stdio.h>
int main()
{ char s[100],*p=s;
  printf("Input string: \n");
  gets(s);
  while(__________)                /*判断 p 指针是否指向字符串的结尾即字符串结束标志*/
  { if( _________&& *p<='z')       /*判断 p 指针所指向的数组元素是否是小写字母*/
           _________=*p-32;        /*大小写字母 ASCII 之间相差 32*/
      p=p+2;                       /*p 指针指向下一个奇数位*/
  }
  printf("Now string is :\n");
  puts(s);
  return 0;
}
```

7. 使用指针完成编程，程序功能：提取字符串中首个数字子串，转为对应的数字，输出其与15的和，若如无数字子串，则输出15(注：数字0的ASCII值为48)。例如，

输入：abd123cf456,hg789xy

输出：123+15=138

程序如下：

```
#include <stdio.h>
#include <string.h>
int main()
{ char str[100],a[20],*p;
  int n=0,i,j, x;
  printf("Input string:");
  gets(str);
  ____________;
  while(*p!='\0')
    {   for(i=0; *p>='0' &&__________; p++)
        {  a[i]=*p;
             i++;
        }
      if(i>0)
      {  x=0;
          for(j=0;j<i;j++)
               x=x*10+a[j]-______;
          printf("%d+15=%d\n",x,x+15);
          n++;
        }
      if(n==1)
           break;
      else
         p++;
    }
  if(n==0)
       printf("15\n");
  return 0;
}
```

8. 使用指针完成编程，函数fun(char *p, char *q)的功能：将p所指字符串中的字符逐个复制到q所指字符串中时，在每4个字符之后插入1个空格(注：若遇空格字符则重新累计字符个数)。例如，

输入：ABC　DEFGHI　JKL　MNOPQRS

输出：ABC　DEFG　HI　JKL　MNOP　QRS

程序如下：

```
#include <stdio.h>
void fun(char *p, char *q )
{ int n, i;
  ____________;
  while(*p)
  { n=1;
    while(n<=4 && *p)
    { q[i++]=*p;
      if(*p==' ')
         ____________;
      p++;
      n++;
      }
      if(*p)
      { if(*p!=' ')
          q[i++]=' ';
      else
      { q[i++]=*p;
          p++;
      }
    }
    }
   ____________;
}
int main()
{ char str_a[80],str_b[80];
  printf("Enter a string:");
  gets(str_a);
  printf("The original string is: \n");
  puts(str_a);
  fun(str_a,str_b);
  printf("The string after insert space is: \n");
  puts(str_b);
  return 0;
}
```

第7章
结构体和共用体

本章介绍编程技术中常用的构造类型数据和类型的用户自定义技术，要求学生熟练掌握结构类型和联合类型的基本形式和用法。

本章的主要知识点：结构类型、联合类型和枚举类型数据的概念、定义和使用方法，用typedef进行类型定义。

难点：结构类型和联合类型的概念，指针在结构类型和联合类型中的应用，结构数组。

7.1 基本知识

7.1.1 结构体

1. 结构体及结构体变量的定义

结构体由若干成员组成，每一个成员可以是一个基本数据类型或者是一个构造类型。如同在说明和调用函数之前要先定义函数一样，结构体类型也必须先定义后使用。

结构体是用户选定的各种类型数据的集合。建立一个结构体类似于数据库中建立表头，同一结构体中的成员可以具有不同的数据类型。结构体的关键字 struct，其基本形式如下：

```
struct    结构体名                    /*结构类型标识符*/
{  …
   类型标识符   成员名;               /*成员表列*/
   …
};                                    /*分号不能省略*/
```

例如：

```
struct student
    { char name[15];
```

```
        char class[12];
        long num;
    }
```

结构体类型占用的内存长度等于各成员项长度之和。实际应用中，可以用 sizeof 测试结构体变量占用内存空间的大小。

结构体类型的作用就是用来定义结构体变量，定义结构体类型变量的方法有 3 种。

(1) 先定义结构体类型，再定义结构体类型变量。

```
struct 结构体名
{  …
};
struct 结构体名   变量名 1, 变量名 2, …, 变量名 n;
```

(2) 在定义结构体类型的同时，定义结构体类型变量。

```
struct 结构体名
{…
}
变量名 1, 变量名 2, …, 变量名 n;
```

(3) 直接定义结构体类型变量。

```
struct
{…
}
变量名 1, 变量名 2, …, 变量名 n;
```

【说明】

(1) 结构体成员的类型必须是已有定义的类型，允许基本类型(如整型、字符型、实型)、指针类型、数组类型、已定义的另一种结构体等其他构造类型。

(2) 成员≠变量，成员名可以与变量名同名。定义成员时不分配内存，定义变量时需要分配内存。

(3) 结构体中的成员可以单独使用，作用相当于普通变量。

(4) 成员也可以是一个结构，即构成了嵌套的结构。

2. 结构体变量的初始化和赋值

使一个结构体变量获得值有 3 种方法。

(1) 定义结构体变量时初始化各成员。

```
struct
  { char name[15];
    char class[12];
    long num;
```

```
} stu1,stu2={"Wenli","Computer 1",202007113};
```

(2) 用赋值语句对各成员分别赋值。

```
scanf("%s",stu1.name);
scanf("%s",stu1.class);
scanf("%ld",&stu1.num);
```

(3) 同类型的结构体变量间相互赋值。

```
stu1=stu2;        /*同类型的结构体变量的赋值*/
```

3. 结构体变量的引用

只能用圆点(成员运算符)引用结构体成员变量。对多级结构体，只能对最低级的成员进行赋值、存取及运算处理。如 stu1.num=202007113;。

4. 结构体数组

所谓结构体数组，是指数组中的每个元素都是一个结构体，此时每个结构体数组元素都有若干“成员”。在实际应用中，结构体数组常被用来表示一个拥有相同数据结构的群体，假如要定义一个班级 50 个学生的姓名、性别、年龄和住址，可以定义成一个结构数组。定义结构体数组和定义结构体变量的方式类似，可以先定义结构体，后定义结构体数组；也可以在定义结构体的同时定义结构体数组。例如：

```
struct student{
char name[8];
char sex[2];
int age;
char addr[40];
};
struct student stu[40];
```

也可定义为:

```
struct{
char name[8];
char sex[2];
int age;
char addr[40];
}stu[40];
```

需要指出的是，结构体数组成员的访问是以数组元素为结构体变量的，其形式为:

```
结构体数组元素.成员名
```

例如：stu[0].name，stu[30].age。

5. 指向结构体类型的指针

一个结构体变量的指针就是该变量所占据的内存段的起始地址。

若有

```
struct student stu;
    struct student *p;
    p=&stu;
```

则以下 3 种形式等价：

- stu.age(结构体变量名.成员名)。
- (*p).age(*指针变量名.成员名)。
- p->age(指针变量名.成员名)。

7.1.2 共用体

1. 共用体及共用体变量的定义

与结构体相似，共用体也称联合体，是一种用户自己定义的构造型数据，其成员也可以具有不同的数据类型。但共用体将几种不同的数据项存放在同一段内存单元中，所以，每一时刻只能有一个成员占用分配给该共用体的内存空间(新进旧出)。该共用体的数据长度等于最长的成员长度。

共用体类型的定义：

```
union     共用体名                    /*共用类型标识符*/
{  …
    类型标识符   成员名;              /*成员表列*/
    …
};                                    /*分号不能省略*/
```

例如：

```
union data
{  int i;
    char ch;
    float p;
};
```

定义共用体变量的方式有 3 种，和结构体的变量声明类似，可参看结构体变量的定义。

2. 共用体变量的引用

关于共用体变量的引用的几点说明如下。

(1) 同结构体，只能引用其成员变量，不能引用共用体变量本身。如 printf("%d",datA. i);正确，printf("%d",data);错误。

(2) 不能对共用体变量赋值，不能初始化，不能作为函数参数。

(3) 允许两个同类型共用体之间相互赋值。

(4) 可通过指针引用。

7.1.3　枚举类型

所谓“枚举”，是指将变量的值一一列举出来，变量的值只限于列举出来的值的范围内。枚举类型也是用户自定义的数据类型，用此类型声明的变量只能取指定的若干值之一。

1. 定义枚举类型

```
enum 枚举类型名{枚举常数 1, 枚举常数 2,…, 枚举常数 n};
```

例如，

```
enum weekday{Sun, Mon,Tue, Wed,Thu, Fri,Sat};
              0, 1,   2,   3,   4,  5, 6      (有值常量)
```

花括号中间的数据项称“枚举元素”或“枚举常量”，是用户定义的标识符。

2. 枚举型变量的声明

```
enum weekday   x,y,z;
```

也可在定义类型时同时声明枚举型变量：

```
enum   color{red,yellow,blue,while,black} a,b,c;
```

7.1.4　类型定义 typedef

C 语言允许用户使用 typedef 关键字定义自己习惯的数据类型名称，来替代系统默认的类型名称。类型定义 typedef 格式：

```
typedef    数据类型名        新别名
           (已有定义)    (习惯用大写)
```

【功能】对已存在的数据类型指定一个新的类型名。

(1) 为基本数据类型定义新的类型名。例如，若有 typedef float REAL;，则 REAL a,b; 相当于 float a,b;。

(2) 为复杂的自定义数据类型(结构体、共用体和枚举类型)定义简洁的类型名称。

```
typedef struct Point
{   double x;
    double y;
    double z;
}   MyPoint;
```

或

```
typedef struct Point MyPoint
```

则有：

```
MyPoint P1={100，100，0},P2;
```

(3) 为数组定义简洁的类型名称。定义方法与为基本数据类型定义新的别名方法一样，例如：

```
typedef char STR[80];
STR s;
```

相当于 char s[80];，而不是将 STR[80]替换为 char。

(4) 为指针定义简洁的类型名称。若有 typedef float *PF;，则 PF p; 相当于 float *p;。

7.2 结构体上机实验

7.2.1 实验目的

1. 掌握结构体类型、结构体变量的定义和使用。
2. 掌握共用体的概念和使用。

7.2.2 实验内容

1. 程序填空：学生记录由学号 num 和成绩 score 组成，N 个学生的数据存放于结构数组 a 中，将程序补充完整，其中 fun 函数实现统计 N 个学生的平均成绩 ave，输出平均成绩 ave、成绩大于等于平均值的每个学生的记录，程序命名为 L12-1.c，运行结果如下：

```
ave=74.375
num=2001     score=78.50
num=2002     score=76.00
num=2003     score=82.00
num=2005     score=85.00
```

程序如下：

```
#include <stdio.h>
#define N 8
struct stu
{   int num;
    float score;
};
```

```
void fun(struct stu a[N])
{   int i;
    float ave=0;
    for( i=0;_______①_______; i++)
       ave=ave+a[i].score;
    ave=_______②_______;
    printf("ave=%f\n",ave);
    for( i=0; i<N; i++)
       if(_______③_______>=ave)
          printf("num=%d      score=%.2f\n",a[i].num,a[i].score);
}
int main( )
{   struct stu a[N]=
    {{2001,78.5},{2002,76},{2003,82},{2004,73.5},{2005,85},{2006,72},{2007,68},{2008,60}};
    fun(a);
    return 0;
}
```

2. 程序填空：程序功能为实现将结构体数组 mystudent 中存储的各学生信息按其学号的升序排序。程序如下：

```
#include<stdio.h>
#include<string.h>
typedef struct
{   int num;
    char name[20],sex[2];
    int age,score;、
}STU;
STU mystudent[]={
         {1111,"Zhangqiang","m",20,80},
         {2104,"Liminghong","w",18,82},
         {3121,"Wangxingda","m",21,78},
         {4118,"Liushaotao","m",20,90},
         {1456,"Wuminghong","w",35,86}
         };
void sort(STU* ps, int size)
{   int i,flag,pass;
    _______①_______;
    for(pass=1;pass<size;pass++)
    {   flag=0;
        for(i=0;i<size-pass;i++)
           if( _______②_______ )
           {   flag+=1;
               temp=ps[i];
```

```
                ps[i]=ps[i+1];
                ps[i+1]=temp;
            }
        if(______③______)
            break;
    }
}
int main()
{   int i,size=sizeof(mystudent)/sizeof(STU);
    printf("Students\' information before sort:\n\n");
    printf("Number Name age Sex score\n\n");
    for(i=0;i<size;i++)
        printf("%-7d%s%10d\t%s%8d\n",(mystudent+i)->num,
            (mystudent+i)->name,(mystudent+i)->age,
            (mystudent+i)->sex, (mystudent+i)->score);
        sort(mystudent,size);
        printf("\nStudents\' information after sort:\n\n");
        printf("Number Name age Sex score\n\n");
            for(i=0;i<size;i++)
                printf("%-7d%s%5d\t %s%7d\n",(mystudent+i)->num,
                    (mystudent+i)->name,(mystudent+i)->age,
                    (mystudent+i)->sex,(mystudent+i)->score);
        return 0;
}
```

3. 完成下列有关结构体与共用体的程序设计。

有5个学生，每个学生的数据包括学号、姓名、成绩，从键盘输入5个学生的数据，要求打印出每个学生的总成绩，以及最高分的学生的数据(包括学号、姓名、三门课的成绩、平均分数)，程序命名为L12-3.c。要求如下：

(1) 定义一个函数，输入5个学生的数据。

(2) 定义一个函数，求每个学生的平均成绩并输出。

(3) 平均分最高的学生的数据(包括学号、姓名、三门课的成绩、平均分数)在主函数中输出。

7.2.3 实验思考

1. 结构体变量的初始化和赋值。一个结构体变量获得数据“值”有3种方法。

(1) 定义时初始化。

(2) 用赋值语句对各成员分别赋值。

(3) 同类型的结构体变量间相互赋值。

2. 总结结构体、共用体各成员的引用方法。

结构体变量的引用：对于多级结构体，只能对最低级的成员进行赋值、存取及运算处理。

3. 注意成员定义与变量定义的区别：

成员定义时——不为其分配内存。

变量定义时——为其分配内存。

4. 总结共用体各成员如何共用内存。

7.3 习题

7.3.1 选择题

1. 若已定义：struct student{ int num; char *name; float score; }stu,*p=&stu;，不合法引用结构变量 stu 中成员的是(　　)。

A. p.score　　B. stu.num　　C. p->num　　D. stu.name

2. 若已定义：struct Student {int num; char name[20]; }a,*p; p=&a;，要访问 a 中的 num 成员，可使用(　　)。

A. p.num　　B. a->num　　C. p->num　　D. *A. num

3. 若已定义：struct worker {int num; char gender; float weight;}m1;，下列叙述错误的是(　　)。

A. m1 是用户自定义的结构变量名

B. worker 是结构类型名

C. m1 是结构类型名

D. num、gender 和 weight 都是结构变量 m1 的成员

4. 若有以下对结构类型和结构变量的定义：

```
struct date {   int year;    int month;    int day; };
struct student {   char name[20];    struct date birthday; }stu;
```

下列能对结构变量 stu 的 birthday 成员进行正确赋值的是(　　)。

A. birthday.day=20　　B. date.day=20

C. stu.birthday.day=20　　D. stu.day=20

5. 若已定义：struct student{int num; char name[20]; }stu1,stu2;，下列错误的语句是(　　)。

A. stu1=stu2;　　B. stu1.num=stu2.num;

C. strcpy(stu1.name,stu2.name);　　D. stu1.name=stu2.name;

6. 若已定义：

```
struct people {char name[15]; int age; };
struct people worker[3]={{"Zheng",16},{"Lin",18},{"Yang",19}};
```

则能正确输出 age 为 18 的语句是(　　)。

A. printf("%d",worker[0].age);　　B. printf("%d",worker[1].age);

C. printf("%d",worker[1]);　　D. printf("%d",age);

7. 若已定义：struct date {int year,month,day; }today;，下列能将 2018 赋予结构变量 today 中成员 year 的是(　　)。

A. today=2018;　　B. year=2018;　　C. today->year=2018;　　D. today.year=2018;

8. 错误定义与初始化结构类型变量 stu1 的是(　　)。

A. struct student{int num; float score;} stu1={1001, 85.0};

B. struct{int num; float score;}stu1={1001, 85.0};

C. struct student{int num; float score;};
   student stu1={1001,85.0};

D. struct student {int num; float score;};
   struct student stu1={1001,85.0};

9. 若已定义：

```
struct student
{ int num;
char name[20];
}stu[2]={{20,"Yan wei"},{19,"Ma tao"}};struct student *p=stu;
```

则无法正确引用" Ma tao "的是(　　)。

A. stu[1].name　　B. (p+1)->name　　C. stu.name　　D. (* (p+1)).name

10. 若已定义：

```
struct student
{ int num;
  float score;
}stu[2]={{101,85.5},{102,90.0}},*p=stu;
```

下列对结构体数组引用正确的是(　　)。

A. p->num　　B. stu[2].num　　C. stu.num　　D. p[1]->num

11. 以下程序的运行结果是(　　)。

```
struct st {int n;   float x; }*p;
struct st a[3]={{11,5.6},{12,7.1},{13,6.7}};
p=a;
printf("%d", (++p)->n);
```

A. 10　　B. 11　　C. 12　　D. 14

12. 以下程序的运行结果为(　　)。

```
#include<stdio.h>
struct Student
  { int num;
    char name[20];
    char gender;
```

```
}s1={1201,"xuxin",'m'},s2[3]={{1101,"zhanghua",'f'},{1304,"yumei",'f'},{1507,"xuemei",'f'}};
int main()
{   printf("%s\n",s2[0].name);
    return 0;
}
```

A. zhanghua　　B. yumei　　C. xuemei　　D. xuxin

13. 以下程序的运行结果为(　　)。

```
#include<stdio.h>
struct Student
{   int num;
    char name[20];
    char gender;
}s1={1201,"xuxin",'m'},s2[3]={{1101,"zhanghua",'f'},{1304,"yumei",'f'},{1507,"xuemei",'f'}};
int main()
{   printf("%d\n",s2->num);
    return 0;
}
```

A. 1101　　B. 1201　　C. 1304　　D. 1507

14. 以下程序的运行结果为(　　)。

```
#include<stdio.h>
struct Student
{ int num;
  char name[20];
  char gender;
}s1={1201,"xuxin",'m'},s2[3]={{1101,"zhanghua",'f'},{1304,"yumei",'f'},{1507,"xuemei",'f'}};
int main()
{ printf("%d\n",(s2+1)->num);
  return 0;
}
```

A. 1507　　B. 1304　　C. 1201　　D. 1101

15. 以下程序的运行结果是(　　)。

```
union data {char c; int k; }data1;
void main()
{ data1.k=66;
  data1.c='A';
  printf("%c\n",data1.k);
}
```

A. A　　B. B　　C. 65　　D. 66

16. 若已定义：enum week {mon,tue,wed=5,thu}week_day;，则枚举常量 tue 和 thu 的值分别是(　　)。

A. 1 和 6　　B. 2 和 4　　C. 2 和 6　　D. 1 和 3

17. 下列错误的枚举类型定义是(　　)。

A. enum a{a,2,b};　　B. enum a{x=2,y=1,z};

C. enum a{a=3,b,c=0};　　D. enum a{x=-1,y};

18. 下列对枚举类型的定义正确的是(　　)。

A. enum a={a,b,c};　　B. enum a{a=-2,b=1,c=3};

C. enum a{"a","b","c"};　　D. enum a={'a','b','c'};

19. 下列语句正确的是(　　)。

A. typedef INTEGER int;　　B. typedef INTEGER=int

C. typedef int INTEGER;　　D. typedef int=INTEGER

20. 若已定义：typedef enum week{mon,tue,wed,thu,fri,sat,sun}week_day;，则下列语句错误的是(　　)。

A. week day;　　B. week_day day;

C. enum week_day day;　　D. enum week day;

7.3.2 程序填空题

1. 程序功能为查找并输出成绩在 85 分以上(含 85 分)学生的姓名和成绩，程序如下：

```
#include <stdio.h>
int main()
{  ________ student
    { char name[10];
      float ________;
    };
    struct student stu[5]={"Mary",86.1,"John",77.3,"Tom",81,"susa",87.8,"wilu",89};
    int i;
    for(i=0;i<5;i++)
      if(stu[i].score>=85)
          printf("\nname:%s,score:%.2f",__________,stu[i].score );
    return 0;
}
```

2. 程序功能为查找存储在结构体数组中 5 位学生成绩最高者的姓名和成绩，程序如下：

```
#include <stdio.h>
int main()
{ struct student
    { char name[10];
```

```
        float score;
    };
    struct student stu[5]={"Mary",76.1,"John",87.3,"Tom",81,"susa",87.8,"wilu",79};
    int i=0,k=0,max;
    __________________;
    for(i=0;i<5;i++)
      if(stu[i].score>max)
      {  max=_______________;
           _______________;
      }
    printf("\nname:%s,score:%.2f", stu[k].name,stu[k].score );
    return 0;
}
```

3. 程序功能为实现输出身高为165cm~175cm的所有学生的姓名和身高。程序命名为L12-2.c，程序如下：

```
#include <stdio.h>
int main()
{ struct Student
  {  char name[10];
     int height;
  };
  struct Student _________={"LiPing",178,
                           "WangFang",173,
                           "YeLing",168,
                           "SuHong",162,
                           "XieLiao",182,
                           "ZhangPeng",165
                          };
  int i;
  for(i=0; i<6; i++)
    if(a[i].height>=165_____________)
        printf("name:%s \t    height:%d\n", a[i].name,___________);
  return 0;
}
```

4. 程序功能为计算 3 个学生的总成绩和平均成绩，其中 3 个学生的成绩存储在一个结构体数组中，程序如下：

```
#include <stdio.h>
int main()
{ struct stu
    {  char name[10];
```

```
        float score;
    };
    ____________ stu[3]={"Mary",76,"John",85,"Tom",81};
    int i=0;
    float total=0,aver=0;
    while(i<3)
    {  total=total+______________ ;
       i++;
    }
    aver= ____________;
    printf("\ntotal=%.2f,aver=%.2f", total,aver);
    return 0;
}
```

第 8 章 文件

本章介绍 C 语言文件处理的基本功能，要求学生了解文件打开、处理和关闭的基本方法。

本章的主要知识点：C 文件的概念，文件类型指针，文件的打开和关闭，文件的读/写和定位技术。

难点：C 文件的概念，常用读/写函数。

8.1 基本知识

8.1.1 C 文件概述

从文件的存储方式(编码方式或组织方式)来看，文件可分为 ASCII 码文件(文本文件)和二进制文件两种。

在 C 语言中用一个文件指针指向一个文件，通过文件指针可以对它所指的文件进行各种操作。定义文件指针的语法格式为：

```
FILE  *指针变量名;
```

例如，FILE *fp;表示 fp 是指向 FILE 结构的指针变量，通过 fp 即可找到存放某个文件信息的结构变量，然后按结构变量提供的信息找到该文件，实施对文件的操作。

8.1.2 文件的打开

文件在进行读/写操作之前要先打开，使用完毕要关闭。操作文件的 4 个基本步骤如下。

(1) 定义文件类型指针变量。

(2) 打开文件。

(3) 读/写文件。

(4) 关闭文件。

所谓打开文件，就是获取文件的有关信息，例如文件名、文件状态、当前读/写位置等，这些信息会被保存到一个 FILE 类型的结构体变量中。打开文件的操作通过调用 fopen()函数完成，fopen()函数原型如下：

```
FILE *fopen(char *filename, char *type);
```

其中，filename 是要打开文件的文件名，type 表示对打开文件的操作方式。

通常需要判断该文件是否打开，如果打开成功，fopen()函数将返回一个 FILE 指针 fp，fp 即代表该文件，其值是文件信息区的起始地址，如果文件打开失败，将返回一个 NULL(0)指针。

【说明】

(1) 文件使用方式各字符的含义如下：r 表示 read(读)，w 表示 write(写)，a 表示 append(追加)，+表示(读和写)，t 表示 text(文本文件)，b 表示 binary(二进制文件)。

(2) 对于文本文件的操作，可直接用 r、w、a、r+方式打开，不需要加字母 t 也可以。

(3) 用 r 方式打开一个文件时，该文件必须已经存在，且只能从该文件读出，否则将出错，返回 NULL。

(4) 用 a 方式打开一个文件时，该文件必须已经存在，否则将出错，返回 NULL。

(5) 以 w 方式打开的文件，若文件不存在，则会建立该文件；如果文件存在，则会重新建立该文件，覆盖已存在的原同名文件。

(6) 以 a+附加方式打开可读/写的文件，若文件不存在，则会建立该文件；如果文件存在，写入的数据会被加到文件尾后，即文件原先的内容会被保留。

8.1.3 文件的关闭

文件操作完成后，必须要用 fclose()函数将文件关闭。这样，停留在文件缓冲区的内容才能写到该文件中去，从而使文件完整保存。文件的关闭也意味着释放了该文件的缓冲区。fclose()函数原型如下：

```
int fclose(FILE *stream);
```

它表示该函数将关闭 FILE 指针对应的文件，并返回一个整数值。若成功地关闭了文件，则返回一个 0(NULL)值，否则返回一个非 0 值。

8.1.4 文件的读/写

在 C 语言中，文件有多种读/写方式，ANSI C 提供 4 种读/写文件的方法，通过 4 组函数进行。

(1) 单字符读/写函数：fgetc 和 fputc。

(2) 字符串读/写函数：fgets 和 fputs。

(3) 格式化读/写函数：fscanf 和 fprinf。

(4) 数据块读/写函数：fread 和 fwrite。

使用以上函数都要求包含头文件 stdio.h。

1. 单字符读/写 fputc 和 fgetc 函数

(1) fputc 函数。

```
int fputc (char ch, FILE *fp);
```

调用格式：

```
fputc(ch,fp);
```

【功能】将一个字符 ch 写入到指定文件 fp 中。

(2) fgetc 函数。

```
int fgetc (File *fp);
```

调用格式：

```
ch=fgetc(fp);
```

【功能】从指定文件 fp 中读取一个字符 ch，虽然函数被定义为整型数，但仅用其低八位。

2. 字符串读/写 fputs 和 fgets 函数

(1) fputs 函数。

```
int fputs(char *str,FILE *fp);
```

调用格式：

```
fputs(str,fp);
```

【功能】将 str 所指的字符串写入指定文件 fp 中。

(2) fgets 函数。

设文件指针变量为 fp，字符串指针或字符数组为 str，fgets 函数原型：

```
char *fgets(char *str,int n,FILE *fp);
```

调用格式：

```
fgets(str,n,fp);
```

【功能】从指定文件 fp 中读取 n−1 个字节数据(字符)给字符数组 str，读入 str 中的字符最后加'\0'，使其成为字符串。遇 EOF 即结束。

3. 格式化读/写 fprintf 和 fscanf 函数

(1) fprintf 函数。

```
fprintf (fp, 格式控制字符串, 输出列表);
```

【功能】将输出列表中各表达式的值，按格式控制字符串中指定的格式写到 fp 所指文件中。

例如，fprintf(fp, "%d,%6.2f",a,b); 将变量 a 和 b 按%d 和%f 格式输出到文件 fp。

(2) fscanf 函数。

```
fscanf (fp, 格式控制字符串, 输入列表);
```

【功能】该函数是从 fp 所指的文件中，按照格式控制字符串规定的输入格式给输入列表中各输入项地址赋值。

例如，fscanf(fp, "%d,%f",&a,&b); 读取文件 fp 中的数据送给变量 a、b。

4. 数据块读/写 fwrite 和 fread 函数

(1) fwrite 函数。

```
int fwrite (char *buf, int size, int count, FILE *fp);
```

调用格式：

```
fread(buf,size,count,fp);
```

【功能】把 buf 所指向的数组中的数据写入给定文件 fp 中。

其中，buf 为实体指针，size 是字节数，count 是写入的数据项个数，fp 是文件指针。

(2) fread 函数。

```
int fread(char *buf, int size, int count, FILE *fp);
```

调用格式：

```
fread(buf,size,count,fp);
```

【功能】用来从指定文件 fp 中读取一组数据。

其中，buf 是实体指针，size 是字节数，count 是读取的数据项个数，fp 是文件指针。

【说明】fread 函数和 fwrite 函数一般用于二进制文件的读/写。

8.1.5 文件的定位

为了对读/写进行控制，系统为每个文件设置了一个文件读/写位置标记，简称位置指针，指向当前读/写的位置，即用来指示接下来要读/写的字符的位置。

应注意文件指针和文件内部的位置指针不是一回事。文件指针是指向整个文件的，需在程序中定义说明，只要不重新赋值，文件指针的值是不变的。文件内部的位置指针用以指示文件内部的当前读/写位置，每读/写一次，该指针均向后移动。它无须在程序中定义说明，而是由系统自动设置的。

rewind、ftell 和 fseek 函数可用于强制改变文件内部的位置指针。

1. rewind 函数

rewind(fp)使 fp 所指文件位置指针回到文件开头，以便从头再读/写。

2. ftell 函数

ftell(fp)得到文件指针在文件中的当前位置，返回值用相对于文件开头的偏移量来表示，单位是字节数，类型为长整型。如果出错，返回－1。

3. fseek 函数

fseek 函数用于改变文件的位置指针，一般用于二进制文件。

```
fseek(文件指针,位移量,起始点);
```

起始点可以用 0、1、2 代替。0 表示文件开始位置，1 表示文件当前位置，2 表示文件末尾位置。位移量指以起始点为基点，向前移动的字节数。位移量应是 long 型数据，数字末尾加 L。

例如 fseek(fp,n,i)，其中 fp 是文件指针，n 是偏移量(以起始点为基点，向前移动的字节数，负数为倒移的字节数)，i 是起始点，取值 0、1、2。

8.2 文件上机实验

8.2.1 实验目的

1. 了解文件类型的指针。
2. 掌握文件建立、打开和关闭的方法。
3. 掌握常用的文件读/写函数。

8.2.2 实验内容

1. 新建一个磁盘文件 e:\file1.txt，其内容是从 0 开始输出 5 的倍数，一共输出 20 个，每行 5 个，程序命名为 L13-1.c，运算结果如图 8-1 所示。

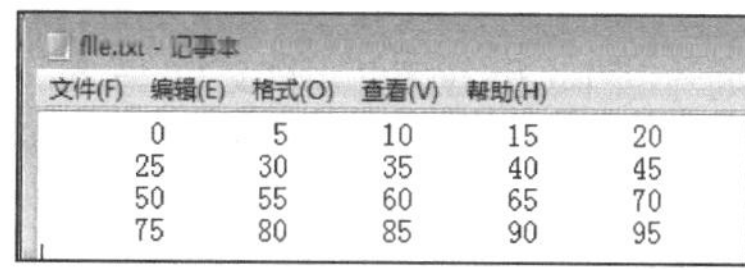

图 8-1 file.txt 的值

2. 读取上题所建立的文件 e:\file1.txt 的内容，并输出到屏幕上。运算结果如图 8-2 所示，程序命名为 L13-2.c。

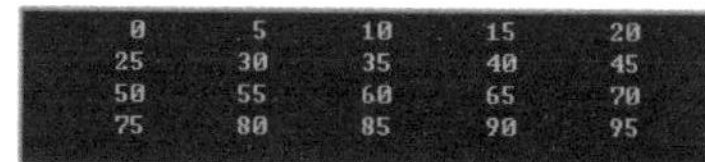

图 8-2 从 file.txt 中读取的值输出到屏幕上

3. 【选做题】把第 1 题文件 e:\file1.txt 的内容复制到新文件 file2.txt 中。程序命名为 L13-3.c。

8.2.3 实验思考

1. 文件打开和关闭的含义是什么？为什么要打开和关闭文件？
2. 总结文件的使用方式的设置。
3. 总结文件常用的读/写函数的使用。

8.3 习题

1. 若已定义：FILE *fp;，要打开 d 盘 temp 文件夹下的 file1.txt 文件，打开方式是既能读也能写，正确的语句是(　　)。

   A. fp=fopen("d:\temp\file1.txt", "wr");

   B. fp=fopen("d:\\temp\\file1.txt", "rw");

   C. fp=fopen("d:\temp\file1.txt", "w+");

   D. fp=fopen("d:/temp/file1.txt", "r+");

2. 若已定义：FILE *fp;，要在文本文件 datA. txt 后追加文本数据，应使用语句(　　)。

   A. fp=fopen("datA. txt","at+");

   B. fp=fopen("datA. txt","wb+");

   C. fp=fopen("datA. txt","wt");

   D. fp=fopen("datA. txt","rb+");

3. 对已打开的文件操作完成后，应使用(　　)将文件关闭。

   A. close()函数　　B. quit()函数　　C. fclose()函数　　D. fileclose()函数

4. 若用 fgetc 函数从指定文件中读入一个字符，该文件不能使用(　　)方式打开。

   A. 只读　　B. 读/写　　C. 追加　　D. 只读或读/写

5. 若已定义：char ch; FILE *fp;，要从 fp 所指向文件中读入一个字符，正确的语句是(　　)。

   A. ch=fgetc(fp);　　B. ch=fgets(fp);　　C. ch=getchar();　　D. ch=getc();

6. 若已定义：FILE *fp;，则不能向 fp 所指向的文件写入字符串"hello"的语句是(　　)。

   A. fputs("hello",fp);　　B. fprintf(fp,"%s","hello");

   C. fwrite("HELLO",1,5,fp);　　D. fwrite("hello",5,fp);

7. 以下程序运行后，文件 file1.txt 的内容是(　　)。

```
#include <stdio.h>
int main()
{ FILE *fp;
  fp = fopen("file1.txt", "w+");
  if  (fp==NULL)  return 0;
  else
```

```
    { fputs("one",fp);
      rewind(fp);
      fputs("two",fp);
      fclose(fp);
      return 1;
    }
}
```

A. one　　　B. two　　　C. onetwo　　　D. 0

8. 若已定义：char ch; FILE *fp;，要从 fp 所指向文件中读入一个字符，正确的语句是(　　)。

A. ch=fgetc(fp);　　　B. ch=fgets(fp);　　　C. ch=getchar();　　　D. ch=getc();

9. 若已定义：int x; FILE *fp;，要从 fp 所指向的已经打开的文件中读取一个整型数据到变量 x 中，正确的语句是(　　)。

A. fscanf(fp,"%d",&x);　　　B. fscanf(fp,"%d",x);

C. scanf(fp,"%d",x);　　　D. fscanf(fp,&x);

10. 若文本文件 datA. txt 的内容为 Hello，以下程序段的运行结果是(　　)。

```
FILE *fp;
char str[10];
fp=fopen("datA. txt","r");
fscanf(fp,"%s",str);
printf("%s",str);
fclose(fp);
```

A. H　　　B. llo　　　C. Hello　　　D. o

11. 执行以下程序后，文件 file1.dat 内容是(　　)。

```
#include <stdio.h>
int main()
{ FILE *fp;
  int i=1,j=2;
  fp=fopen("file1.dat ","w");
  fprintf(fp,"%d",i);
  fclose(fp);
  fp=fopen("file1.dat","w");
  fprintf(fp,"%d",j);
  fclose(fp);
  return 0;
}
```

A. 1　　　B. 2　　　C. 12　　　D. 12

12. 以下程序段的运行结果是(　　)。

```
FILE *fp; int a=4,b=5,x,y,z;
fp=fopen("test.txt","w");
fprintf(fp,"%d %d",a,b);
fclose(fp);
fp=fopen("test.txt","r");
fscanf(fp,"%d%d",&x,&y);
z=x+y;
printf("%d\n",z);
fclose(fp);
```

A. 9　　B. 0　　C. 4　　D. 5

13. 以下程序段执行后，文件 test.txt 的内容是(　　)。

```
FILE *fp; fp = fopen("test.txt", "w");
fprintf(fp,"%s","You ");
fclose(fp);
fp = fopen("test.txt", "a");
fprintf(fp,"%s","are welcome!");
fclose(fp);
```

A. You　　B. are welcome!　　C. welcome!　　D. You are welcome!

14. 以下程序的运行结果是(　　)。

```
#include<stdio.h>
#include<stdliB. h>
int main()
{   FILE *fp;
    int a=123;
    if(   (fp=fopen("d:\\my.txt","w"))==NULL      )
    {    printf("cannot open file\n");
         exit(1);
    }
    fprintf(fp,"%d",456);
    fclose(fp);
    if(   ( fp=fopen("d:\\my.txt","r") )==NULL      )
    {    printf("cannot open file\n");
         exit(1);
    }
    fscanf(fp,"%d",&a);
    printf("%d\n",a);
    fclose(fp);
    return 0;
}
```

A. 456　　B. 123　　C. 579　　D. 333

15. 以下程序的运行结果是(　　)。

```
#include<stdio.h>
#include<stdliB. h>
int main()
{ FILE *fp;  int a=1,b=2;
  if(   (fp=fopen("d:\\my.txt","w"))==NULL     )
  {  printf("cannot open file\n");
     exit(1);
  }
  fprintf(fp,"%d %d",123,456);
  fclose(fp);
  if(   ( fp=fopen("d:\\my.txt","r") )==NULL     )
  {  printf("cannot open file\n");
     exit(1);
  }
  fscanf(fp,"%d%d",&a,&b);
  printf("%d,%d\n",a,b);
  fclose(fp);
  return 0;
}
```

A. 1,2　　B. 123,456　　C. 1,456　　D. 123,2

16. C 语言将文件分为(　　)两种类型。

A. ASCII 码文件和八进制码文件　　B. ASCII 码文件和二进制码文件

C. ASCII 码文件和十进制码文件　　D. ASCII 码文件和十六进制码文件

17. 若从已打开的文件中用 fgetc()函数读入一个字符，该文件的打开方式可以是(　　)。

A. 关闭方式　　B. 连接方式　　C. 关联方式　　D. 只读或读/写方式

18. 可以使用语句(　　)定义 fp 为指向一个文件的指针变量。

A. FI fp;　　B. *FILE fp*;　　C. FILE *fp;　　D. *file;

19. 若已定义：FILE *fp;，要往文本文件 source.txt 后追加数据，应先使用语句(　　)给 fp 赋值。

A. fp=fopen("source.txt","wt");

B. fp=fopen("source.txt","at+");

C. fp=fopen("source.txt","wb+");

D. fp=fopen("source.txt","rb+");

20. C 语言中，对文件操作的一般步骤是(　　)。

A. 打开文件，定义文件指针，读/写文件，关闭文件

B. 定义文件指针，读文件，写文件，关闭文件

C. 定义文件指针，打开文件，读/写文件，关闭文件

D. 操作文件，定义文件指针，修改文件，关闭文件

21. 若文本文件 test.txt 的内容为"aeronauticsAndastronautics"(不包括引号)，则以下程序的运行结果为(　　)。

```
#include <stdio.h>
int main()
{ FILE *fp;
    char str[80];
    if((fp=fopen("test.txt","r"))!=NULL)
        fgets(str,6,fp);
    printf("%s\n",str);
    return 0;
}
```

A. aeron　　B. astro　　C. astronautics　　D. aeronautics

22. 假设文件 test.dat 存在，以下程序的运行结果是(　　)。

```
#include <stdio.h>
int main()
{ FILE *fp;
    int a=1,b=2,c;
    fp=fopen("test.dat","w");
    fprintf(fp,"%d %d %d\n",a,b+1);
    fclose(fp);
    fp=fopen("test.dat","r");
    fscanf(fp,"%d",&c);
    printf("%d\n",c);
    fclose(fp);
  return 0;
}
```

A. 2　　B. 1　　C. 4　　D. 3

23. 以下程序的运行结果是(　　)。

```
#include <stdio.h>
int main()
 { FILE *fp;
   char str[80],ch;
   fp=fopen("d:\\test.txt", "w");
   if(fp!=NULL)
   { fprintf(fp,"%s", "Advanced English");
     fclose(fp);
   }
```

```
    fp=fopen("d:\\test.txt", "r");
    ch=fgetc(fp);
    printf("%c\n",ch);
    return 0;
}
```

A. Advanced　　B. A　　C. E　　D. Advanced English

24. (　　)不是文件读操作库函数。

A. fgetc()　　B. fread()　　C. fputs()　　D. fscanf()

25. 执行以下程序后，文件 test.txt 的内容是(　　)。

```
#include <stdio.h>
int main()
{ FILE *fp;
  char str[][10]={"hello","world"};
  fp = fopen("test.txt", "w");
  if(fp!=NULL)
      fprintf(fp,"%s",str[1]);
  fclose(fp);
  fp = fopen("test.txt", "w");
  if(fp!=NULL)
      fprintf(fp,"%s",str[0]);
  fclose(fp);
  return 0;
}
```

A. world　　B. hello　　C. hello world　　D. world hello

26. 以下程序运行后，文件 dataf.txt 的内容是(　　)。

```
#include <stdio.h>
int main()
{ FILE *fp;
  int a=15,b=18;
  fp=fopen("dataf.txt","w");
  fprintf(fp,"%d   ",a);
  fclose(fp);
  fp=fopen("dataf.txt","a");
  fprintf(fp,"%d ",b);
  fclose(fp);
  return 0;
}
```

A. 15　　B. 15 18　　C. 18　　D. 18 15

27. 运行以下程序的输出结果是(　　)。

```
#include <stdio.h>
int main()
 {   FILE *fp;
     int a=15, b, c;
     a+=5;
     fp=fopen("dataf.txt","w");
     fprintf(fp,"%d    ",a);
     fclose(fp);
     fp=fopen("dataf.txt","r");
     fscanf(fp,"%d ",&b);
     fclose(fp);
     c=a*b;
     printf("%d\n",c);
     return 0;
 }
```

A. 300　　B. 400　　C. 15　　D. 20

28. 以下程序运行后，屏幕显示 File open error!，其可能的原因是(　　)。

```
#include <stdio.h>
int main()
{ FILE *fp;
   char str[80];
   fp = fopen("MydatA. txt", "r");
   if(fp==NULL)
   {  printf("File open error!");
      return 0;
   }
   fscanf(fp,"%s",str);
   fclose(fp);
   return 0;
}
```

A. 当前工作目录下的 MydatA. txt 文件内容为空
B. 函数 fopen()的参数有错误
C. 当前工作目录下没有 MydatA. txt 文件
D. MydatA. txt 文件已经打开

29. 以下程序运行后，文件 datA. txt 的内容是(　　)。

```
#include <stdio.h>
int main()
{  FILE *fp;
   struct worker
```

```
    {   int n;
        loat wt;
    }a;
    a. n=102;
    a. wt=68.5;
    fp=fopen("datA. txt","w");
    fprintf(fp,"%d,%.1f\n",A. n,A. wt);
    fclose(fp);
    return 0;
}
```

A. 170.5　　B. 102,68.5　　C. 102　　D. 68.5

30. 以下程序运行后，datA. txt 文件中的内容是(　　)。

```
#include <stdio.h>
int main()
{ FILE *fp;
  char str[]="GoodNight!";
  int i=0;
  fp=fopen("d:\\datA. txt","w");
  while(i<4)
  { fprintf(fp,"%c",str[i]);
    i++;
  }
  fclose(fp);
  return 0;
}
```

A. Night　　B. GoodNight!　　C. GoodN　　D. Good

第9章

面向对象基础

本章主要知识点：类的概念(数据和函数封装在一起)，声明和定义类与成员函数的方法，访问成员函数的方法，私有和保护数据如何屏蔽外部访问的原理，类与对象的区别，构造函数的特征，定义构造函数的方法，默认构造函数的意义，构造和初始化类成员的方法。

重点：类的概念，构造函数的设计与调用。

难点：类的定义，访问成员函数的方法，构造函数的定义与调用。

9.1 基本知识

9.1.1 C++编程基础

1. C++的输入和输出

C++自带输入和输出流：cin 和 cout。

使用 cin、cout 这两个流对象时需要以下语句：

```
#include <iostream>
```

(1) “<<”操作符。“<<”是预定义的插入符，作用在 cout 上可实现屏幕输出，格式如下：

```
cout<<表达式<<表达式<<…
```

其中，表达式可以是变量、常量，以及由各种运算符连接起来的运算表达式。

例如：int a=5,b=4;，输出 a 与 b 的和。

```
printf("a+b=%d\n",a+b); //C 语言的实现
cout<<"a+b="<<a+b<<endl; //C++的实现
```

(2) “>>”操作符。“>>”是预定义的提取符，作用在 cin 上可实现键盘输入，格式如下：

```
cin>>表达式>>表达式>.…
```

其中，表达式只能是变量或内存区。

例如：int a,b;，输入 a 和 b 的值。

```
scanf("%d%d", &a, &b);//C 语言的实现
cin>>a>>b; //C++的实现
```

(3) endl(end of line)，即一行输出结束。endl 与 cout 搭配使用，作用是输出一个换行符，并立即刷新缓冲区，功能类似于 C 语言中的"\n"。

(4) 名字空间。名字空间是 C++语言的新标准引入的概念，用来求解大型程序中标识符重名的问题。由标识符命名的变量、常量、函数、类、对象等可以根据逻辑关系分组，一个组就是一个名字空间，目前 C++语言中的标准库函数的变量与函数都属于名字空间 std，如 cin、cout 等。

例如：编程输入两个整数并输出它们的和。

```
#include <iostream>
int main()
{ std::cout<<"Enter two numbers"<<std::endl;
  int v1,v2;
  std::cin>>v1>>v2;
  std::cout<<v1<<"+"<<v2<<"="<<v1+v2<<std::endl;
  return 0;
}
```

引用名字空间的变量时都要加上名字空间前缀，这样很麻烦，所以 C++语言又引入使用指令：

```
using namespace <名字空间名>
```

因此，上例可改成：

```
#include <iostream>
using namespace std;   //使用 std 空间
int main()
{    cout<<"Enter two numbers"<<endl;
     int v1,v2;
     cin>>v1>>v2;
     cout<<v1<<"+"<<v2<<"="<<v1+v2<<endl;
     return 0;
 }
```

2. const 修饰符的使用

对基本数据类型的变量，一旦加上 const 修饰符，编译器就将其视为常量(初始值)，不再为它分配内存。例如：

```
const float  pi=3.1416;
```

3. 使用函数原型和默认参数

```
int sum(int,int);                           //给出参数类型
int sum(int first,int second);              //给出参数类型和参数名
int name(char *first, char * second="", char * third=" ");
                                            //有默认值的参数放在参数序列的最后
```

4. 内联函数

引入内联函数的目的是要解决程序中函数调用的效率问题，以空间换时间。在程序中调用内联函数，则编译时，内联函数体中的代码被替代到程序中，因此会增加目标程序代码量(空间开销)，而在时间开销上不像函数调用时那么大。

定义内联函数时，只需在函数定义前加上关键字 inline，如：

```
 inline int add(int x,int y,int z)
{ return x+y+z;
}
```

5. 指针与引用

指针是对象(变量)的地址；引用是给对象的地址取一个别名，可以看作一个常量指针。

```
int a;
int  &b=a;        //定义引用变量 b，并初始化(必须初始化)
b++;              //等同于执行 a++
```

说明： b 是 a 合法的引用变量，b 是 a 的别名，a、b 共用同一存储单元。对 b 的操作等同于对 a 的操作。

9.1.2　类和对象

1. 类的定义

C++中的类是一种用户自定义的数据类型，是对一组性质相同的对象的程序描述。类是实现 C++面向对象程序设计的基础，是 C++封装的基本单元。类用关键字 class 来创建，类定义包括数据成员的说明和成员函数的原型说明与实现。用类说明的变量，称为类的对象。

定义 C++类的一般形式如下：

```
class <类名>
{ private:                        //只允许本类的成员函数访问
     [<私有数据成员和成员函数>]
  public:                         //允许程序中的任何函数访问
     [<公有数据成员和成员函数>]
protected:                        //一般只允许本类成员函数访问
```

```
                                  //但在类的继承中对产生的新类影响不同于 private
[<保护数据成员和成员函数>]
};                                //类体终止点，必须加分号
<各成员函数的实现>
```

【说明】

(1) 关键字 private、public 和 protected 用于定义成员的访问权限。如果默认，权限是 private。

(2) 成员函数的实现可以放在类体之内或之外。

(3) 不能在类定义中对数据成员使用表达式进行初始化。

2. 对象的定义

类是一种用户自定义的数据类型，用类说明的变量称为类的对象。声明一个类只是定义了一种新的数据类型，定义对象才真正创建了这种数据类型的物理实体。

定义对象的格式如下：

```
<类名>  <对象名表>
```

例如：

```
student s1,s2,stu[10], *p,&s3=s1;
```

访问对象的成员：一旦创建了一个类的对象，程序中就可以用“.”来引用类的公有成员。一般形式如下：

```
<对象名>.<公有数据成员名>
<对象名>.<公有成员函数名(实参表)>
```

9.1.3 成员函数

简单的成员函数一般放在类体内，称内联成员函数。即使放在类体外，成员函数的函数体也是类体的一部分。此时如果要说明为内联函数，可加上关键字 inline，显式内联。

成员函数是类的实现，为了使类体简洁，规范的做法是将成员函数的声明和定义分开，在类体内声明，在类体外定义。此时类体外定义的函数必须在函数名前加上“类域标记”(::)。

9.1.4 构造函数和析构函数

1. 构造函数的定义

构造函数就是与类名同名的类成员函数，被声明为 public 公有函数，具有一般成员函数所有的特性，可被重载。构造函数在创建对象时被自动调用执行，用于为对象分配空间和初始化成员变量的值，并进行其他可能需要的任何初始化操作。

构造函数也是成员函数，但又有所不同。

(1) 构造函数在对象定义时由系统自动调用执行。

(2) 构造函数不允许有任何类型的返回值，也不允许定义其返回类型(甚至 void 也不允许)。

每个类都必须有构造函数。若类中未定义任何构造函数，编译器会自动生成一个不带参数的默认构造函数。默认构造函数会将对象的所有数据成员都初始化为零或空。

```
<类名>::<默认构造函数名>()
```

2. 类的默认构造函数

无参数的默认构造函数形如：类名(){/*不做任何事情*/}。

带引用参数的构造函数形如：类名(类名 & r){/*按位复制对象*/}//带引用参数。

【说明】

在用默认构造函数创建对象时，如果创建的是全局对象或静态对象，则对象的位模式全为 0，否则，对象值是随机的。

3. 构造函数的重载

构造函数的重载与普通函数重载方法一样。重载函数要求函数有相同的返回值类型和函数名称，并有不同的参数序列。重载函数的调用是以所传递参数序列的差别作为调用不同函数的依据。虚拟函数则是根据对象的不同去调用不同类的虚函数。

4. 拷贝构造函数

当一个对象要拷贝给另一个对象时，需要调用的构造函数，就叫作拷贝构造函数。拷贝构造函数实际上也是构造函数，具有一般构造函数的所有特性，其名字也与所属类名相同。拷贝构造函数中只有一个参数，是对某个同类对象的引用。拷贝构造函数是重载构造函数的一种重要形式。

每个类都必须有一个拷贝构造函数。若类中未定义任何拷贝构造函数，系统会自动创建一个拷贝构造函数。

```
<类名>::<默认拷贝构造函数名>(同类对象的引用)    //带引用参数
```

5. 析构函数

析构函数也是类的成员函数，是一个特殊的成员函数。析构函数的名字是在类名前加上字符~。析构函数没有参数，也没有返回值，不能重载，一个类只能有一个析构函数。析构函数以调用构造函数相反的顺序被调用，它的作用与构造函数相反。

6. 成员对象的构造顺序

成员对象的构造顺序按类定义的出现顺序，最后执行自身构造函数。

9.2 C++输入/输出上机实验

9.2.1 实验目的

1. 通过运行简单的C++程序，初步了解C++程序的基本结构和特点。
2. 掌握数据的输入/输出(cin,cout)方法，能正确使用各种格式控制符输出各种格式数据。

9.2.2 实验内容

1. 认识C++数据类型的大小，写出以下程序的运行结果。

```
#include <iostream>
using namespace std;
int main()
{ cout<<"bool:     "<<sizeof(bool)<<endl;
  cout<<"char:     "<<sizeof(char)<<endl;
  cout<<"unsigned char :     "<<sizeof(unsigned char )<<endl;
  cout<<"short:     "<<sizeof(short)<<endl;
  cout<<"int:     "<<sizeof(int)<<endl;
  cout<<"unsigned int:     "<<sizeof(unsigned int)<<endl;
  cout<<"long int:     "<<sizeof(long int)<<endl;
  cout<<"bool:     "<<sizeof(bool)<<endl;
  cout<<"long int:     "<<sizeof(long int)<<endl;
  cout<<"unsigned long :     "<<sizeof(unsigned long)<<endl;
  cout<<"float :     "<<sizeof(float)<<endl;
  cout<<"double :     "<<sizeof(double)<<endl;
  cout<<"long double:     "<<sizeof(long double)<<endl;
return 0;
}
```

2. 编程实现：输入圆的半径，计算圆面积，程序命名为L14-2.c。
3. C++有两种方法控制格式输出：控制符和成员函数。写出下列程序的运行结果。

(1) 用控制符来控制输出的格式。

```
#include <iostream>
#include <iomanip>
using namespace std;
int main()
{ float   x=26.1234567;
  cout<<setprecision(3)<<x<<endl;
  cout<<setprecision(5)<<x<<endl;
  int i=25;
  cout<<"hex:"<<hex<<i<<endl;
```

```
    cout<<setw(6)<<setfill('+')<<i<<endl;
    return 0;
}
```

(2) 用流对象的成员函数来控制输出的格式

```
#include<iostream>
using namespace std;
int main()
{ float   x=26.1234567;
  cout.setf(ios::fixed);
  cout.setf(ios::showpoint);
  cout.precision(3);
  cout<<x<<endl;
  cout.precision(5);
  cout<<x<<endl;
  return 0;
}
```

4. 输入 3 个整数，求最大数，程序命名为 L14-4.c。

9.3 类与对象上机实验

9.3.1 实验目的

1. 掌握类、类的数据成员、类的成员函数的定义方法，类与结构的关系，类的成员属性和类的封装性。

2. 掌握定义对象和操作对象的方法。

3. 理解类成员的访问控制方式，以及公有、私有和保护成员的区别。

4. 初步掌握用类和对象编制基于对象的程序。

9.3.2 实验内容

1. 有以下程序：

```
#include <iostream>
using namespace std;
class Time                    //定义 Time 类
{public:                                                  //数据成员为公用的
    int hour;
    int minute;
    int sec;
```

```
};
int main()
{
Time t1;                                                    //定义 Time 类对象 t1
cin>>t1.hour;                                               //输入时间
cin>> t1.minute;
cin>> t1.sec;
cout<<t1.hour<<":"<<t1.minute<<":"<<t1.sec<<endl;          //输出时间
return 0;
}
```

改写程序，程序命名为 L15-1.c。要求：

(1) 将数据成员改为私有的。

(2) 将输入和输出的功能改为由成员函数 set()和 show()实现。

(3) 在类体内定义成员函数。

2. 有以下程序：

```
#include<iostream>
using namespace std;
class Date
    {public:
        int year;
        int month;
        int day;
        void print()
      {cout<<year<<"/" <<month<<"/" <<day<<endl;
      }
};
   int main()
      {   Date t;                                          //创建 Date 类 的对象 t
          cin>>t.year
          cin>>t.month
          cin>>t.day
          t.print();
          return 0;
      }
```

改写程序，程序命名为 L15-2.c。要求：

(1) 将数据成员改为私有的。

(2) 在类体外定义成员函数 set()和 print()，set 用于输入日期，print 用于输出日期。

(3) 输出类的大小占多少字节。

(4) 【选做题】print()函数输出日期格式显示为××××-××-××，且将月、日前的空格用 0 填充。

3. 定义一个正方形类 Square 和一个圆类 Circle，并分别求边长 15 的正方形的面积和直径为 10 的圆的面积，程序命名为 L15-3.c。

4. 定义长方体类 rectangle，并实现长、宽、高初始化和返回体积的功能，程序命名为 L15-4.c。

9.4 类的封装性上机实验

9.4.1 实验目的

1. 掌握类的声明，对象创建的方法。
2. 理解类的封装性、隐蔽性和抽象性。
3. 进一步熟悉类成员的访问级别限制以及正确访问方法。

9.4.2 实验内容

1. 声明一个三角形类 triangle，用构造函数对三角形三条边 a、b、c 进行初始化，设三角形的半周长 p=(a+b+c)/2.0，公有成员函数 display_area()输出用海伦公式 s=sqrt(p(p−a)(p−b)(p−c))计算的三角形面积 s。

2. 如果只是用对象对成员函数进行“只读”操作，则可以将成员函数设计为常成员函数。声明一个类 leap，它有一个数据成员 year，表示年份，添加构造函数用于初始化 year 的值，一个公有成员函数 bool isLeapYear ( )，用于判断是否闰年，若是，输出“是闰年”，否则输出“不是闰年”，一个公有成员函数 void const print()，用于输出函数。

3. 声明一个学生类 Student，它有 3 个私有的数据成员 num、name 和 sex(初始值分别为 1001，“张勇”，“男”)和一个公有的成员函数 display，要求在类中增加一个对数据成员赋初值的成员函数 set，上机调试并运行输出学生信息。

```
#include <iostream>
#include <string>
using namespace std;
class Student
{ private:
  int num;
  string name;
  string sex;
  public:
  void display()
  { cout <<"num: "<< num << endl;
    cout <<"name: "<< name << endl;
    cout <<"sex: "<< sex << endl;
  }
```

```
};
  Student stud;
  int main()
{ stuD. display();
  return 0;
}
```

9.5 构造函数和析构函数上机实验

9.5.1 实验目的

1. 理解构造函数和析构函数的作用和特点。
2. 掌握构造函数和析构函数的定义与调用。

9.5.2 实验内容

1. 有两个长方体，其长、宽、高分别是12、25、30和15、30、21。使用构造函数对成员变量进行初始化，分别求它们的体积。

2. 重载构造函数：借助参数的不同完成不同的初始化任务。

有4个长方体，其长、宽、高分别为①10、10、10；②15、10、10；③15、30、10；④15、30、21。使用构造函数的默认参数，并采用参数初始化列表方式对成员变量进行初始化，分别求它们的体积。

3. 分析构造函数和析构函数的执行次序(后构造的，先析构)，写出运行结果。

```
#include <iostream>
using namespace std;
class Date
{ private:
int year, month, day;
public:
Date (int y, int m, int d);        //构造函数的声明
~ Date ();                         //析构函数的声明
void print();
};
    Date:: Date (int y, int m, int d)
    { year=y;
     month=m;
     day=d;
    cout<<day << "构造函数已被调用"<< endl;
    }
    Date:: ~Date ()
    {cout<<day << "析构函数已被调用"<< endl;
```

```
}
void Date:: print ()
{ cout<< year<<"-"<< month<<"-"<< day<<endl;
}
int main()
{
Date today(2016,3,1),tomorrow(2016,3,2);
cout<<"今天是：";
today.print();
cout<<"明天是：";
tomorrow.print();
return 0;
}
```

4. 分析下列程序中调用拷贝构造函数的 3 种情况，写出运行结果。

```
#include <iostream>
using namespace std;
class Point
{ private:
  int x, y;
  public:
  Point (int a=0, int b=0)            //定义构造函数
  {  x=a;
     y=b;
  }
  Point(Point &p);                    //声明拷贝构造函数
  int getx()
  { return x;
  }
int gety()
{ return y;
}
};

Point ::Point(Point &p)
{ x=p.x+10;
  y=p.y+20;
  cout<< "拷贝构造函数已被调用"<< endl;
}

void f(Point   p)                     //定义非成员函数
{   cout<< p. getx()<<","<< p.gety()<<endl;
}
```

```
Point g()                         //定义成员函数
{ Point   q(3,5);                 //调用拷贝构造函数
  return q;
}
int main()
{
Point p1(2,4);
Point p2(p1);                     //调用拷贝构造函数的第一种情况
cout<< p2. getx()<<","<< p2.gety()<<"\n"<<endl;
f(p2);                            //调用拷贝构造函数的第二种情况
cout<< "f:"<<p2. getx()<<","<< p2.gety()<<"\n"<<endl;
p2=g();                           //调用拷贝构造函数的第三种情况
cout<< p2. getx()<<","<< p2.gety()<<"\n"<<endl;
return 0;
}
```

9.6 习题

9.6.1 选择题

1. C++语言是从早期的C语言逐渐发展演变而来的。与C语言相比，它在求解问题方法上进行的最大改进是(　　)。

A. 面向过程　　B. 面向对象　　C. 安全性　　D. 复用性

2. 下列定义中，(　　)是不合法的。

```
const int *p=&a;
a=14;p=&b;
```

A. const int &s= 3;　　B. int &s= 3;

C. int a=4;int *const p=&a;a=14;　　D. int a =4,b=9;

3. 假设已经有定义 const char * const name="chen";，下列语句正确的是(　　)。

A. name[3]= 'a';　　B. cout<<name[3];

C. name=new char[5];　　D. name="lin";

4. 关于 new 运算符的下列描述中，(　　)是错误的。

A. 它可以用来动态创建对象和对象数组

B. 使用它创建的对象或对象数组可以使用运算符 delete 删除

C. 使用它创建对象时要调用构造函数

D. 使用它创建对象数组时必须指定初始值

5. 以下叙述中正确的是(　　)。

A. 使用#define 可以为常量定义一个名字，该名字在程序中可以再赋另外的值

B. 使用 const 定义的常量名有类型之分，其值在程序运行时是不可改变的
C. 在程序中使用内联函数使程序的可读性变差
D. 在定义函数时可以在形参表的任何位置给出默认形参值

6. 关于封装，下列说法中不正确的是(　　)。
A. 通过封装，对象的全部属性和操作结合在一起，形成一个整体
B. 通过封装，一个对象的实现细节被尽可能地隐藏起来(不可见)
C. 通过封装，每个对象都成为相对独立的实体
D. 通过封装，对象的属性都是不可见的

7. 以下关键字不能用来声明类的访问权限的是(　　)。
A. public　　B. static　　C. protected　　D. private

8. 在类作用域中能够通过直接使用该类的(　　)成员名进行访问。
A. 私有　　B. 公用　　C. 保护　　D. 任何

9. 若有如下声明：class A{ int a;}; 则 a 是类 A 的(　　)。
A. 公有数据成员　　B. 公有成员函数
C. 私有数据成员　　D. 私有成员函数

10. 在类外定义成员函数时，需要在函数名前加上(　　)。
A. 对象名　　B. 类名
C. 作用域运算符　　D. 类名和作用域运算符

11. 假定 AA 为一个类，a 为该类公有的数据成员，x 为该类的一个对象，则访问 x 对象中数据成员 a 的格式为(　　)。
A. x(a)　　B. x[a]　　C. x->a　　D. x.a

12. 下列关于构造函数的说法中，正确的是(　　)。
A. 构造函数不能重载　　B. 构造函数中可以使用指针 this
C. 构造函数的返回值类型为 void　　D. 用户必须为定义的类提供构造函数

13. 关于构造函数的说法，正确的是(　　)。
A. 一个类只能有一个构造函数
B. 一个类可以有多个不同名的构造函数
C. 构造函数与类同名
D. 构造函数必须自己定义，不能使用父类的构造函数

14. 下列关于构造函数的描述正确的是(　　)。
A. 构造函数可以声明返回类型　　B. 构造函数不可以用 private 修饰
C. 构造函数必须与类名相同　　D. 构造函数不能带参数

15. 下列关于析构函数的说法不正确的是(　　)。
A. 一个类有且仅有一个析构函数　　B. 析构函数可以有形参
C. 析构函数没有函数类型　　D. 析构函数在类的对象消失时被自动执行

16. 当一个类对象离开它的作用域时，系统自动调用该类的(　　)。
A. 无参构造函数　　B. 带参构造函数

C. 拷贝构造函数　　　　D. 析构函数

17. 假定一个类对象数组为 A[n]，当离开它定义的作用域时，系统自动调用该类析构函数的次数为(　　)。

A. 0　　B. 1　　C. n　　D. n－1

18. 假定 AB 为一个类，则执行"AB *s=new AB(a,5);"语句时得到的一个动态对象为(　　)。

A. s　　B. s->a　　C. s.a　　D. *s

19. 假定 AB 为一个类，则执行 AB r1=r2;语句时将自动调用该类的(　　)。

A. 无参构造函数　　　　B. 带参构造函数

C. 赋值重载函数　　　　D. 拷贝构造函数

20. 若需要使类中的一个指针成员指向一块动态存储空间，则通常在(　　)函数中完成。

A. 析构　　B. 构造　　C. 任一成员　　D. 友元

21. 当类中的一个整型指针成员指向一块具有 n*sizeof(int)大小的存储空间时，它最多能够存储(　　)个整数。

A. n　　B. n+1　　C. n－1　　D. 1

22. 假定一个类 AB 只含有一个整型数据成员 a，用户为该类定义的带参构造函数可以为(　　)。

A. AB() {}　　　　B. AB(): a(0){}

C. AB(int aa=0) {a=aa;}　　　　D. AB(int aa) {}

23. 设 px 是指向一个类对象的指针变量，则执行 delete px;语句时，将自动调用该类的(　　)。

A. 无参构造函数　　B. 带参构造函数　　C. 析构函数　　D. 拷贝构造函数

24. 假定 AB 为一个类，则执行 "AB *p=new AB(1,2);" 语句时共调用该类构造函数的次数为(　　)。

A. 0　　B. 1　　C. 2　　D. 3

9.6.2 填空题

1. 若需要把一个类外定义的成员函数指明为内联函数，则必须把关键字________放在函数原型或函数头的前面。

2. 当类中一个字符指针成员指向具有 n 个字节的存储空间时，它所能存储字符串的最大长度为________。

3. 一个类可以有多个构造函数，这些构造函数之间的关系是________。

4. 类的构造函数是在定义该类的一个________时被自动调用执行的。

第 10 章 模拟试题

模拟试卷一

一、选择题(每题 2 分，共 40 分)

1. (　　)为非法的用户标识符。

　A. Car5　　B. _continue　　C. 5k　　D. Demos

2. 若已定义：int m=6;，则正确的赋值表达式是(　　)。

　A. m*1=m　　B. 6=m　　C. m*=m+6　　D. m/2=3

3. 下列定义变量的语句，正确的是(　　)。

　A. double x=3.14,int x,y=18;　　B. int x=1,y,z=2;

　C. int x=0;y=1;z=2;　　D. int x,y=z=2;

4. 若已定义：char a='b';，下列表达式错误的是(　　)。

　A. a+=5　　B. a="e"　　C. a='8'-1　　D. a= 'o'+2

5. scanf( )函数中，用于读取字符串的格式控制符是(　　)。

　A. "%d"　　B. "%s"　　C. "%c"　　D. "%f"

6. 若已定义：int a=2,b=0;，则表达式 !a||!b 的值为(　　)。

　A. 0　　B. 1　　C. 2　　D. 3

7. 以下程序段执行后的输出结果是(　　)。

```
int x=4;
do { printf("%d ", x-- );
}while(!(x-=3));
```

　A. 4-1　　B. 3 0　　C. 死循环　　D. 4 0

8. 以下程序运行后的输出结果是(　　)。

```
#include <stdio.h>
int main()
{ int n=5;
```

```
switch(n)
    {   case 5: printf("%d      ",n);
        case 6: printf("%d      ",n++); break;
        default: printf("%d    ",n++);
    }
    return 0; }
```

A. 5　5　　B. 5　6　　C. 5　7　　D. 0　5

9. 若已定义：int a=4,b=5;，则表达式(a+b)/(int)2.5 的值是(　　)。

A. 3　　B. 3.0　　C. 4　　D. 4.5

10. 以下程序的运行结果是(　　)。

```
#include<stdio.h>
int main()
{   int m,n=1,t=1;
    if(t==0)  m=4;
        else  m= (n<=0?5:3);
    printf("%d\n",m);
    return 0;}
```

A. 3　　B. 4　　C. 5　　D. 0

11. 若已定义：int a=1,b=2,t=3;，则执行以下程序段后，a、b 和 t 的值分别为(　　)。

```
if(a<b)   t=b, b=a, a=t;
```

A. 2,1,1　　B. 2,1,2　　C. 2,1,3　　D. 3,1,2

12. 以下程序的运行结果是(　　)。

```
#include <stdio.h>
int main( )
{ int a=3,b=2,c=1;
  if(a>b)
  if(a>c) printf("%d    ",a);
    else printf("%d       ",b);
  printf("%d    ",c);
  return 0; }
```

A. 3　1　　B. 2　1　　C. 3　　D. 1

13. 若已定义：int a;，则不会产生死循环的语句是(　　)。

A. for(a=1; ;a+=2);　　B. for(a=10; ; a--);

C. for(;(a=getchar())!= '\n';　);　　D. while(-1) {a=1;}

14. (　　)是正确的数组定义。

A. int n=20,A[n];　　B. int A[10+10];

C. int N=20; int A[N];   D. int n; scanf("%d",&n); int A[n];

15. 以下程序段运行后，x[0]的值为(　　)。

```
int x[5]={5,4,3,2,1};
x[0]=x[1]+x[2]-x[3]-x[4];
```

A. 4   B. 6   C. 7   D. 5

16. 以下程序段的运行结果是(　　)。

```
int a[]={1,2,3,4},i;
for(i=0;i<=3;i+=2)
  { a[i]=a[i]*4; }
for(i=0;i<4;i++)
  printf("%d  ",a[i]);
```

A. 4 8 12 16   B. 4 2 12 4   C. 4 8 12 4   D. 4 2 12 16

17. 运行以下程序段后，sum 的值是(　　)。

```
int a[3][3]={1,2,3,4,5,6,7,8,9};
int i,j,sum=0;
for(i=0;i<3;i++)
  for(j=i;j<3;j++)
    sum+=a[i][j];
```

A. 20   B. 15   C. 26   D. 19

18. 若已定义 char b[20]="Nice to meet you!";，实现输出字符串"you!"的语句是(　　)。

A. printf("%s",b);   B. printf("%s",b+13);

C. printf("%c",b+13);   D. printf("%c",b[13]);

19. 以下程序段的运行结果是(　　)。

```
char s[]="intern\0ation";
printf("%d",strlen(s));
```

A. 4   B. 6   C. 8   D. 13

20. 若已定义：char str1[20]={"Iphone"},str2[20];，则(　　)语句是正确的。

A. str2=str1;   B. str2="iPAD";   C. scanf("%s",str2);   D. copy(str2=str1);

二、程序运行题(每题 4 分，共 20 分)

1. 以下程序的运行结果是________________。

```
#include <stdio.h>
int main()
{ int i;
  for(i=0; i<=3; i++)
```

```
        switch(i)
        {  case 0: printf("%d", ++i); break;
           case 1: printf("%d",i);
           default: printf("%d",i);
        }
    return 0;
}
```

2. 以下程序的运行结果是____________。

```
#include <stdio.h>
int main()
{  int s=0, i=3;
   while(i<8)
   {i++;
   if(i%6==0)
   break;
   s+=i;
   }
printf("%d\n",s);
return 0;
}
```

3. 以下程序的运行结果是____________。

```
#include <stdio.h>
int main( )
{    int i,j, k=0;
     int a[4][4];
       for(i=0;i<=3;i++)
       for(j=0;j<=3;j++)
          if (i+j>=3) a[i][j] = i + j ;
          else    a[i][j] = i * j ;
          for(i=0;i<=3;i++)
          {   for(j=0;j<=3;j++)
                   printf("%d ",a[i][j]);
               printf("\n");
          }
          return 0;
}
```

4. 以下程序的运行结果是____________。

```
#include<stdio.h>
int main()
```

```
{ int n,k,s,m;
  for(n=28;n<=33;n++)
  { k=1,s=0;
    m=n;
    while(m)
    { k*=m%10;
      s+=m%10;
      m/=10;
    }
  if (k>s)
    printf("%3d  ",n);
  return 0;
}
```

5. 以下程序的运行结果是______________。

```
#include<stdio.h>
#define N 4
int main()
{ int a[N][N]={{7,10,5,15},{1,4,8,3},{12,8,10,2},{8,3,9,11}},b[N];
  int i,j;
  int k=0,t;
  for(j=0; j<N; j++)
  { t=a[0][j];
   for(i=1;i<N;i++)
     if(a[i][j]<t) t=a[i][j];
   b[k++]=t;
  }
  for(i=0;i<N;i++)
    printf("%d ",b[i]);
  return 0;
}
```

三、程序填空题(每题 4 分，共 16 分)

1. 输出 0~20 的所有素数，统计总个数。

```
#include<stdio.h>
int main()
{ int x,i,____①____;
  for(x=2;x<=20;x++)
  { for (i=____②____;i<20;i++)
     if(x%i==0)
       ____③____;
```

```
    if (____④____)
    { printf("%3d",x);
      count++;
      }
   }
  printf("\ncount=%d",count);
  return 0;
}
```

2. 用冒泡法对整型数组 a 中的 10 个数进行降序排列。

```
#include<stdio.h>
int main()
{ int a[10],n=10;
 int i,j,t;
 for (i=0;i<=9;i++)
   scanf("%d", ____①____);
 for (i=0;i<=____②____;i++)
   for (j=0;j<=____③____;j++)
   ____________④____________
 for (i=0;i<=9;i++)
    printf("%d  ",a[i]);
 return 0;
}
```

3. 输入一个英文句子，按 Enter 键结束。若单词之间出现连续多个空格，则只输出一个空格，其他非空格字符原样输出。注：空格的 ASCII 值为 32。

```
#include<stdio.h>
int main()
{ char c,flag=____①____;
  while(____②____!='\n')
  { if(____③____||____④____)putchar(c);
    flag=c;
  }
  return 0;
}
```

4. 连接字符串 a 和字符串 b，如串 a 为"hello,"，串 b 为"everyone"，则输出"hello, everyone"。

```
#include <stdio.h>
#include <string.h>
int main()
{ char a[100],b[10];
  int i,n;
```

```
    printf("input 2 string:\n");
    gets(a);
    ____①____;
    n=____②____;
    for(i=0;b[i];i++)
        ____③____=b[i];
    ________④________;
    puts(a);
    return 0;
}
```

四、编程题(每题 8 分，共 24 分)

1. 输入 x，根据给定的分段该函数，计算数学表达式的值，要求输出结果保留 3 位小数。

$$y=\begin{cases}\dfrac{\ln x}{1.1+\cos x}, & x>3\\ \sqrt{1+x^3}, & x=3\\ 100e^x, & x<3\end{cases}$$

2. 根据输入的 n，求数列前 n 项的和 y，结果保留 2 位小数，如 n=4 时，y=1.53。

$$\frac{1}{5},\frac{3}{8},\frac{5}{11},\frac{7}{14},\frac{9}{17},\cdots,\frac{2n-1}{2+3n}$$

3. 根据输入的行数 n，打印 n 行图案。如当 n=4 时，图案如下：

```
a
bb
ccc
dddd
```

模拟试卷二

一、选择题(每小题 2 分，共 40 分)

1. 在 C 语言源程序中，下列叙述正确的是(　　)。
   A. main 函数必须位于文件的开头　　B. 每行只能写一条语句
   C. 程序中的一个语句可以写成多行　　D. 每个语句的最后必须有点号
2. 下列整型常量中，错误的是(　　)。
   A. −0xcdf　　B. 018　　C. 0xe　　D. 011

3. 有如下定义：char str[6]={ 'a' ,' b' ,' \0' ,' d' ,' e' ,' f' };，则语句:printf("%s" ,str);的输出结果是(　　)。

A. ab\　　B. abdef　　C. ab\0　　D. ab

4. C 语言对 if 嵌套语句的规定：else 总是与(　　)配对。

A. 第一个 if　　B. 之前最近的且尚未配对的 if

C. 缩进位置相同的 if　　D. 之前最近的 if

5. 若有定义：float x=3.5;int z=8;，则表达式 x+z%3/4 的值为(　　)。

A. 3.75　　B. 3.5　　C. 3　　D. 4

6. 能表示变量 x 属于区间[5,10]的正确表达式是(　　)。

A. 5<=x<=10　　B. x>=5 || x<=10

C. x>=5 and x<=10　　D. x>=5 && x<=10

7. 已知 char a='R';，则正确的赋值表达式是(　　)。

A. a=(a++)%4　　B. a+2=3　　C. a+=256　　D. a='\078'

8. 下列叙述正确的是(　　)。

A. 强制类型转换运算的优先级高于算术运算

B. 若 a 和 b 是整型变量，(a+b)++是合法的

C. 'A'*'B' 是不合法的

D. "A"+"B"是合法的

9. 以下程序运行后，循环体中的 count+=2;语句运行的次数为(　　)。

```
int i,j,count=0;
for(i=1;i<=3;i++)
   { for( j=1;j<=i;j++)
        {count+=2;
printf("%d",count);}
}
```

A. 4 次　　B. 6 次　　C. 8 次　　D. 10 次

10. 下列数组声明中，正确的是(　　)。

A. int a[10];　　B. int n=10,a[n];

C. int N=10;int a[N];　　D. int n;scanf("%d",&n); int a[n];

11. 若有定义：int a[3][3];，则&a[2][1]-a 的值为(　　)。

A. 6　　B. 7　　C. 8　　D. 9

12. 若有定义 int *p1,*p2;，则指针变量 p1. p2 不能进行的运算是(　　)。

A. <　>　　B. =　　C. +　　D. －

13. 以下程序的运行结果是(　　)。

```
#include <stdio.h>
int main()
```

```
{ char *str="12345",*ps=str+4;
  printf("%c\n",ps[-4]);
  return 0;
}
```

A. 1　　B. 2　　C. 3　　D. 错误

14. 以下程序的运行结果是(　　)。

```
#include <stdio.h>
#define ONE 1
#define TWO ONE+1
#define THREE TWO+1
int main()
{ printf("%d\n",THREE-ONE) ;
  return 0;
}
```

A. 产生错误　　B. 1　　C. 2　　D. 3

15. 以下程序的运行结果是(　　)。

```
void main()
{ int n='c';
  switch(n++)
   { default:printf("error"); break;
     case 'a':
     case 'b':printf("good"); break;
     case 'c':printf("pass");
     case 'd':printf("warn");
   }
}
```

A. pass　　B. warn　　C. passwarn　　D. error

16. 以下程序的运行结果为(　　)。

```
  # include <stdio.h>
 int g=100;
 fun ( )
  { int g=5;
   return ++g; }
   void main( )
  { printf("%d\n",fun( ));
}
```

A. 100　　B. 101　　C. 5　　D. 6

17. 若有如下声明：class A{ int a;};，则 a 是类 A 的(　　)。

A. 公有数据成员　　B. 公有成员函数

C. 私有数据成员　　D. 私有成员函数

18. 在重载一个运算符时，其参数表中没有任何参数，这表明该运算符是(　　)。

A. 作为友元函数重载的一元运算符　　B. 作为成员函数重载的一元运算符

C. 作为友元函数重载的二元运算符　　D. 作为成员函数重载的二元运算符

19. 假定 AB 为一个类，则执行 AB r1=r2;语句时将自动调用该类的(　　)。

A. 无参构造函数　　B. 带参构造函数

C. 赋值重载函数　　D. 拷贝构造函数

20. 已知类 AA 和 BB 的定义如下，下列程序的运行结果为(　　)。

```
#include <iostream>
using namespace std;
class AA
{ public:
  AA(){cout<<'0';}
  ~AA(){cout<<'1';}
};
class BB
{ public:
  BB(){cout<<'2';}
  ~BB(){cout<<'3';}
};
```

且有如下主函数定义：

```
int main()
{AA a;
 BB b;
 return 0;
}
```

A. 0123　　B. 0132　　C. 0231　　D. 0312

二、程序填空题(每空 2 分，共 36 分)

1. 用递归调用实现 n!。

$$n!=\begin{cases}1 & (n=1)\\ n*(n-1)! & (n>1)\end{cases}$$

```
#include <stdio.h>
double fun(int n)
```

```
{ double s;
  if( n==1 )    s=______①______;
  else    s=______②______;
  return s;
}
int main()
{ int n;
 scanf("%d",&n);
 printf("%d!=%lf\n",n,______③______);
  return 0;
}
```

2. 逆序输出一个字符串。例如，输入 I am happy，则输出 yppah ma I。

```
#include <stdio.h>
#include<string.h>
int main()
{ char str[100],ch;
  int len,i,j;
  ______①______;
  len=strlen(str);
  i=0;
  j=______②______;
  while(i<j)
  {    ch=str[i];
       str[i]=str[j];
       str[j]=ch;
       i++;
       ______③______;
  }
   printf("%s\n",str);
}
```

3. 求 S=1+12+123+1234+12345。

```
#include <stdio.h>
int main()
{ int i;
  long  ______①______;
  for (i=1;i<=5;i++)
  { p=______②______;
    s=s+p;
  }
printf("s=______③______",s);
```

```
return 0;
}
```

4. 函数 swap()的功能是利用指针变量实现函数 main()中两个整数的交换。

例如，输入：23,78

输出：a=78,b=23

```
#include <stdio.h>
#include <conio.h>
void swap(int *x,int *y)
{  int ____①____;
   temp=*y;
   *y=____②____;
   *x=temp;
}
void main()
{  int a,b;
   printf("a,b=");
   scanf("%d,%d",&a,&b);
   swap(&a,____③____);
   printf("a=%d, b=%d\n",a,b);
   }
```

5. 在主函数中抽取二维数组 a 的正、反对角线上各元素依次存入一维数组 b，利用函数 void sort(int x[],int n)实现对 b 数组进行降序排序。

例如，a 数组各元素如下：

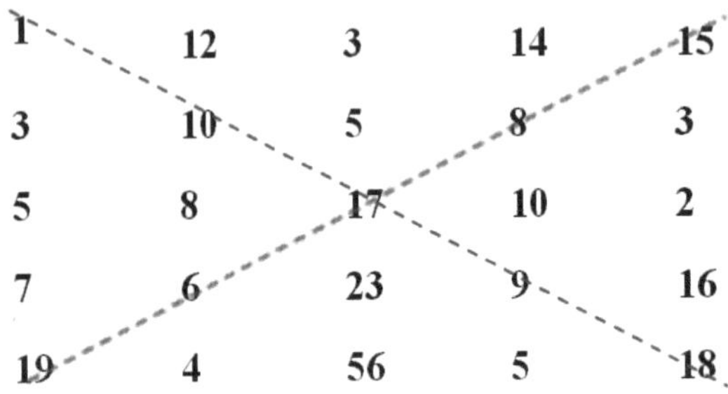

1	12	3	14	15
3	10	5	8	3
5	8	17	10	2
7	6	23	9	16
19	4	56	5	18

则 b 数组排序前各元素为{1，15，10，8，17，6，9，19，18}，程序输出降序排序后的 b 数组为{19，18，17，15，10，9，8，6，1}。

```
#include<stdio.h>
#include<conio.h>
int fun(int a[5][5],int b[])
{   int i,j,k=0;
    for(i=0; i<5; i++)
    {   for(j=0; j<5; j++)
```

```
        _______________①_______________
    }
  return k;
}
void sort(int b[],int n)
{   int i,j,t;
    for(i=0; i<=n-2; i++)
    { for(j=0; j<=n-2-i; j++)
       if(b[j]<b[j+1]) {__________②__________}
    }
 }
int main()
{   int a[5][5]= {{1,12,3,14,15},
                 {3,10,5,8,3},
                 {5,8,17,10,2},
                 {7,6,23,9,16},
                 {19,4,56,5,18}};
  int b[25];
     int i,nb;
     __________③__________;
     sort(b,nb);
     for(i=0; i<nb; i++)
    printf("%d ",b[i]);
     printf("\n");
     system("pause");
     return 0;
}
```

6．函数 change()的功能是对字符串中的元音字母进行加密，方法是 a 转换为 e，e 转换为 i，i 转换为 o，o 转换为 u，u 转换为 a，其他字符保持不变。e 转换为 i，例如，

输入原文：You are welcome!

输出密文：Yur eri wilcumi!

```
#include <stdio.h>
#include <string.h>
void change(______①______)
{ int i=0;
  while( str[i] )
  {   switch( str[i] )
        {   case 'a': str[i]='e';    break;
            case 'e': ______②______;
            case 'i': str[i]='o';    break ;
            case 'o': str[i]='u';    break;
```

```
                case 'u': str[i]='a';
            }
        ____③____;
        }
}

void main()
{ char src[80],tag[80];
  printf("input source string: ");
  gets(src);
  strcpy(tag,src);
  change(tag);
  printf("\n%s\n",src);
  printf("%s\n",tag);
 }
```

三、编程题(每小题 6 分，共 24 分)

1. 用 if 语句编写程序，输入 x 值，输出 y 值。

$$y=\begin{cases}\dfrac{1+\sin x-e^{x}}{1+x}, & x<3\\ \ln x+\sqrt{5}, & x=3\\ \dfrac{1}{2}x^{3}, & x>3\end{cases}$$

2. 将 str 所指字符串中下标为奇数的数字字符依次放入数组 arr 中。

例如，str 所指字符串为 Ab1C2De3e4gH5，则数组 arr 的内容为 34。

3. 通过循环结构输出下列图案。

4. 定义一个圆类 Circle，默认半径为 0，求半径为 10 的圆的面积。

模拟试卷三

一、选择题(每小题 2 分，共 40 分)

1. 若已定义：int a=8,b=7,c;，则执行语句 c=a|b;后，c 的值为(　　)。
   A. 0　　B. 8　　C. 15　　D. 7

2. 若已定义：int a=3,b=2;，则表达式 a/b 的值是(　　)。

A. 0.5　　B. 1.5　　C. 2　　D. 1

3. 已知 double a=5.2;，则正确的赋值表达式是(　　)。

A. a+=a-=(a=4)*(a=3)　　B. a=a*3=2

C. a%3　　D. a=double(-3)

4. 有如下定义：char str[3][2]={'a', 'b', 'c', '\0', 'e', 'f'};，则语句 printf("%s",str[0]);的输出结果是(　　)。

A. ab　　B. abcef　　C. abc\0　　D. abc

5. 若已定义：int x=3,y=4;，则语句(　　)执行后输出结果：3*4=12。

A. printf("%d*%d=%d",x,y,x*y);　　B. printf("x*y=%d",x,y,x*y);

C. printf("%d*%d=x*y",x,y);　　D. printf(3*4=12);

6. char 型变量存放的是(　　)。

A. ASCII 代码值　　B. 字符本身　　C. 十进制代码值　　D. 十六进制代码值

7. 下列数组声明中，正确的是(　　)。

A. int a[5]={0};　　B. int a[]={0 1 2};　　C. int a[5]=0;　　D. int a[];

8. 已知 int a[13];，则不能正确引用 a 数组元素的是(　　)。

A. a[0]　　B. a[10]　　C. a[10+3];　　D. a[13-5];

9. 若有定义：int i=0,x=0;int a[3][4]={1,2,3,4,5,6,7,8,9};，则以下程序段运行后，x 的值为(　　)。

```
for ( ; i<3; i++) x+=a[i][2-i];
```

A. 0　　B. 12　　C. 15　　D. 18

10. 下列关于 C 语言函数的描述，正确的是(　　)。

A. 函数的定义可以嵌套，但函数的调用不可以嵌套

B. 函数的定义不可以嵌套，但函数的调用可以嵌套

C. 函数的定义和函数的调用都可以嵌套

D. 函数的定义和函数的调用都不可以嵌套

11. 以下程序的运行结果是(　　)。

```
#include <stdio.h>
int main( )
{ int a=3,b=4,c=5;
  if(a>b) putchar('a');
    else putchar('b');
  if(c>a) putchar('c');
    else putchar('d');
  return 0;
}
```

A. ac　　B. bc　　C. ad　　D. bd

12. 以下程序的运行结果是(　　)。

```
#include <stdio.h>
int main()
{ int n=5;
  switch(n--)
  { case 6:  printf("%d ",n++);break;
    case 5:  printf("%d ",n);
    default:printf("%d ",n);
  }
return 0;
}
```

A. 5 5　　B. 4　　C. 5　　D. 4 4

13. 以下程序的运行结果是(　　)。

```
void main()
int n=5;
if(n++>=6)
   printf("%d\n", n);
else
   printf("%d\n", ++n;)
```

A. 4　　B. 4　　C. 6　　D. 7

14. 有以下定义：

```
int fun(    )
{static int k=0;
 return ++k;
}
```

以下程序运行后输出(　　)。

```
int i;
for(i=1;i<=5;i++) fun();
printf("%d",fun());
```

A. 0　　B. 1　　C. 5　　D. 6

15. 以下程序的运行结果为(　　)。

```
 # include <stdio.h>
int global=100;
fun ()
 { int global=5;
```

```
    return ++global; }
    void main( )
   { printf("%d\n",fun( ));
}
```

A. 100　　B. 101　　C. 5　　D. 6

16. 类中定义的成员默认为(　　)访问属性。

A. public　　B. private　　C. protected　　D. friend

17. 假定 AA 是一个类，abc 是该类的一个成员函数，则参数表中隐含的第一个参数的类型为(　　)。

A. int　　B. char　　C. AA　　D. AA*

18. 下面有关静态成员函数的描述中，正确的是(　　)。

A. 在静态成员函数中可以使用 this 指针

B. 在建立对象前，就可以为静态数据成员赋值

C. 静态成员函数在类外定义时，要用 static 前缀

D. 静态成员函数只能在类外定义

19. 下列(　　)的调用方式是引用调用。

A. 形参和实参都是变量　　B. 形参是指针，实参是地址值

C. 形参是引用，实参是变量　　D. 形参是变量，实参是地址值

20. 以下程序的运行结果为(　　)。

```
#include<iostream>
using namespace std;
class  E
{ private:
   int x;
     static int y;
     public:
     E(int a) {x=a;y+=x;}
     void Show()
         {cout<<x<<','<<y<<endl;}
};
int E::y=100;
int main()
{   E e1(10),e2(50);
    e1. Show();
    return 0;
}
```

A. 10,160　　B. 10,60　　C. 10,50　　D. 10,110

二、程序填空题(每空 2 分，共 36 分)

1. 输入两个正整数，输出它们的最小公倍数。例如输入 8　12，输出 24。

```
#include <stdio.h>
#include <conio.h>
int main()
{  ______①______;
   printf("Enter a   b: ");
   scanf("%d%d",&a,&b);
   for(i=1;;i++)
    {  r=i*a;
      if(______②______)
        { printf("%d \n", ______③______); break;}
    }
    return 0;
}
```

2. 从键盘输入 10 个整数，输出其中的最大值和平均值。

```
#include <stdio.h>
int main()
{ int a[10],i,max;
  double s;
  s=______①______;
  for(i=0; i<10; i++)
  {  scanf("%d",&a[i]);
     s+=a[i];
  }
  ______②______
  for(i=0; i<10; i++)
      if(a[i]>max) max=a[i];
  }
  printf("max=%d,aver=%.3f\n",max,______③______
  return 0;
}
```

3. 将 str 所指字符串中下标为奇数且 ASCII 码值为偶数的字符依次放入数组 arr 中。例如：str 所指字符串为 AbCdEegH，则数组 arr 的内容为 bdH。

```
#include <stdio.h>
#include
int main()
{ char str[100],arr[100];
  int i,j=0;
```

```
    gets(str);
    for (i=0;______①______;i++)
    if (i%2==1&&str[i]%2==0) ______②______;
______③______;
   puts(arr);
   return 0;
 }
```

4. 函数 fun 的功能是计算二维数组 a 的四周边元素之和，如下所示。

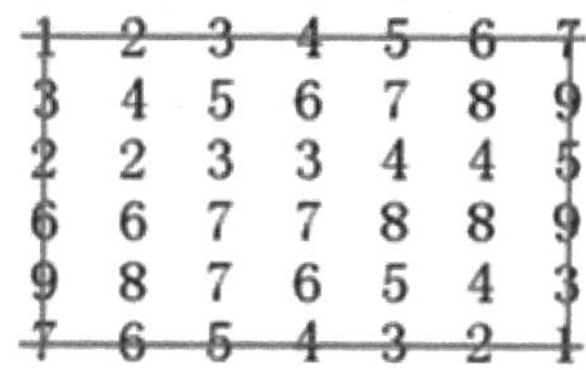

```
#include<stdio.h>
#include<conio.h>
int fun(int a[6][7])
{   int i,j,s=0;
    for(i=0; i<6; i++)
    {   for(j=0; j<7; j++)
          if(______________①______________)
             s+=a[i][j];
    }
    return ______②______;
 }
int main()
{   int a[6][7]= {{1,2,3,4,5,6,7},
                  {3,4,5,6,7,8,9},
                  {2,2,3,3,4,4,5},
                  {6,6,7,7,8,8,9},
                  {9,8,7,6,5,4,3},
                  {7,6,5,4,3,2,1}};
   int i,j;
   for(i=0; i<6; i++)
   {  for(j=0; j<7; j++) printf("%d ",a[i][j]);
      printf("\n");
   }
   printf("\nsum=%d",______③______);
   printf("\n");
   system("pause");
   return 0;
}
```

5．用选择排序法对 n 个元素升序排列。

```
#include<stdio.h>
void ChoiceSort(int a[], int n)
{ int i, j, min,t;
  for( i=0; i<= ______①______;i++ )
  {  min=i;
     for( j=i+1; j <=n-1; j++)
        if(______②______)   min=j;
     if( min!=i )
     {  t=a[min];
        a[min]=a[i];
        a[i]=t;
     }
  }
}
int main()
{ int b[] = {-13,-5,8,3,1,2,-19},i,lenofb = sizeof(b)/sizeof(int);
  ______③______;
  for(i=0;i<lenofb;i++)
     printf("%d   ",b[i]);
  printf("\n");
  return 0;
}
```

6. 打印以下图案。

```
    1
   121
  12321
 1234321
123454321
```

```
#include <stdio.h>
#define N   5
int main()
{ int k,i,j,n=N;
   for(k=1; k<=n; k++)
   { for(i=1;i<=10-k;i++)   printf(" ");
      for(i=1;i<= ______①______;i++)     printf("%d",i);
      for(j=______②______; j>0; j--)   printf("%d",j);
      ______③______;
   }
```

```
    return 0;
}
```

三、编程题(每小题 6 分，共 24 分)

1. 用 if 语句编写程序，输入 x 值，输出 y 值，结果保留 3 位小数。

$$y=\begin{cases}\sin x, & x<1\\ 2x-1, & 1\leqslant x<10\\ \dfrac{1}{4}e^{x}, & x\geqslant 10\end{cases}$$

2. 编程完成功能：输入一个字符串，统计字符串 s 中数字字符的个数 count。

3. 编写函数 fun，其功能是判断一个矩阵 a 是否是对称矩阵，若是对称矩阵，返回 1，否则返回 0。

4. 创建 Time 类，用构造函数初始化时间默认值为 00:00:00，并定义用于输出日期的成员函数 show，输出格式显示为 xx:xx:xx，且将时、分、秒前的空格用 0 填充。编程要求输出两个时间：

```
12:30:10
00:00:00
```

模拟试卷四

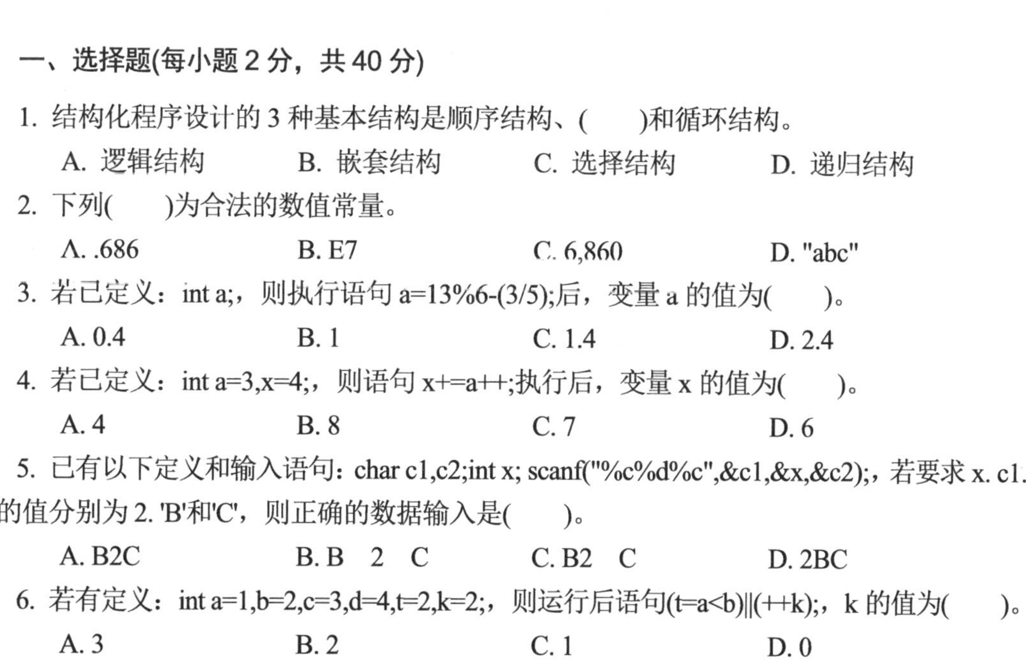

一、选择题(每小题 2 分，共 40 分)

1. 结构化程序设计的 3 种基本结构是顺序结构、(　　)和循环结构。

A. 逻辑结构　　B. 嵌套结构　　C. 选择结构　　D. 递归结构

2. 下列(　　)为合法的数值常量。

A. .686　　B. E7　　C. 6,860　　D. "abc"

3. 若已定义：int a;，则执行语句 a=13%6-(3/5);后，变量 a 的值为(　　)。

A. 0.4　　B. 1　　C. 1.4　　D. 2.4

4. 若已定义：int a=3,x=4;，则语句 x+=a++;执行后，变量 x 的值为(　　)。

A. 4　　B. 8　　C. 7　　D. 6

5. 已有以下定义和输入语句：char c1,c2;int x; scanf("%c%d%c",&c1,&x,&c2);，若要求 x. c1. c2 的值分别为 2. 'B'和'C'，则正确的数据输入是(　　)。

A. B2C　　B. B　2　C　　C. B2　C　　D. 2BC

6. 若有定义：int a=1,b=2,c=3,d=4,t=2,k=2;，则运行后语句(t=a<b)||(++k);，k 的值为(　　)。

A. 3　　B. 2　　C. 1　　D. 0

7. 若已定义：int a=3,b=2,c=1;，则表达式(float)(a+b)/(c+a)的值是(　　)。

A. 1　　B. 3.0　　C. 1.25　　D. 8

8. 以下程序的运行结果是(　　)。

```
#include <stdio.h>
void main()
{ int a=4,b=3,c=2,d=1;
  if(a>b>c)        printf("%d\n",d);
    else if(c-1>=d)        printf("%d\n",d+1);
    else           printf("%d\n",d+2);
}
```

A. 4　　B. 2　　C. 3　　D. 1

9. 执行以下程序段后，变量 a 的值为(　　)。

```
int i,a=0;
for(i=1;i<=10;i++)
{if(i%2==0) continue;
a++;
}
```

A. 5　　B. 15　　C. 10　　D. 0

10. 若已定义 int arr[10];，则不能正确引用 arr 数组元素的是(　　)。

A. arr[0]　　B. arr[2*4/3]　　C. arr[10-1]　　D. arr[7+3]

11. 若已定义：int a[][3]={1,2,3,4,5,6,7,8};，则下列叙述正确的是(　　)。

A. 数组 a 包含 8 个元素　　B. 数组 a 的第一维大小可以取任意值

C. 数组 a 的行数为 8　　D. 元素 a[1][2]的初值为 6

12. 以下程序段的运行结果是(　　)。

```
char str1[20]="passport ",str2[20]="please ";
strcat(str1,str2);
printf("%s",str1);
```

A. passport　　B. passport please　　C. please　　D. please passport

13. 以下程序的运行结果是(　　)。

```
#include <stdio.h>
fun(int x)
{static int y=2;
y=y+x;
return(y);
}
void main()
```

```
{ int i,s=0;
for(i=1;i<=2;i++)
      s=s+fun(2);
 printf("%d\n",s);
}
```

A. 4　　B. 6　　C. 10　　D. 8

14. 下列叙述错误的是(　　)。

A. 形参可以是常量或表达式

B. 函数不允许嵌套定义，但函数可以嵌套调用

C. 不同函数中定义的变量可以重名

D. 形式参数属于局部变量

15. 若已定义：int a[10]={2,3,5,6,8,10,1,4,7,9};int *p=a;，则表达式*(p+3)的值为(　　)。

A. 3　　B. 8　　C. 6　　D. 5

16. 以下程序段的运行结果是(　　)。

```
int a=5,b=2,c,*p1,*p2;
p1=&a; p2=&b;
if(*p1<*p2) c=*p1+2;
else c=*p2+4;
printf("%d\n",c);
```

A. 9　　B. 7　　C. 6　　D. 4

17. 若已定义：

```
struct Book
{ char *bookname;
float price;
}book1,*p;
```

下列叙述错误的是(　　)。

A. book1 为结构类型变量　　B. price 和 bookname 为该结构类型成员

C. p 为结构类型变量　　D. p 为结构类型指针变量

18. 下列特性中，(　　)不是面向对象程序设计的特性。

A. 封装性　　B. 完整性　　C. 多态性　　D. 继承性

19. 类中定义的成员默认为(　　)访问属性。

A. public　　B. private　　C. protected　　D. friend

20. 当一个类对象离开它的作用域时，系统自动调用该类的(　　)。

A. 无参构造函数　　B. 带参构造函数　　C. 拷贝构造函数　　D. 析构函数

二、程序填空题(每空 2 分，共 36 分)

1. 输出由 26 个小写字母组成的图形：

```
a
b   c
d   e   f
g   h   i   j
k   l   m   n   o
p   q   r   s   t   u
v   w   x   y   z
```

```
#include <stdio.h>
int main()
{
  int row,col;
  char ch=_______①_______;
  for(row=1;;row++)
  {
    for(col=1; _______②_______;col++)
    {
      printf("%c",ch);
      if(ch=='z')
       break;
      _______③_______;
    }
    putchar('\n');
    if(ch=='z')
     break;
  }
  return 0;
}
```

2. 由键盘输入整数 n 的值，求以下序列的前 n 项之和。

$\frac{2}{1},\frac{3}{2},\frac{5}{3},\frac{8}{5},\frac{13}{8},\frac{21}{13},\cdots$

```
#include <stdio.h>
int main()
{
  int i,n,x,y,t;
  float sum;
  _______①_______;
  scanf("%d",&n);
  x=2;
  y=1;
  for(i=1; _______②_______; i++)
   {
```

```
        sum+=1.0*x/y;
        t=x;
        x=x+y;
        y= ______③______;
    }
  printf("sum=%f", sum);
  return 0;
}
```

3. 输入整数序列，以 0 结束输入，分别统计其中能被整除和不能被 3 整除的整数个数。例如，input n：5 6 12 9 8 0。

```
num1=3，num2=2
#include <stdio.h>
int main()
{
  int n,num1,num2;
  num1=num2=______①______;
  printf("Input n:");
  scanf("%d",&n);
  while(______②______)
  {
     if( n%2==0 )
        num1++;
     if(_____③_____)
        num2++;
     scanf("%d",&n);
  }
  printf("num1=%d,num2=%d\n",num1,num2);
  return 0;
}
```

4. 输入一个字符串(字符个数不超过 80)，若为大写字母，将其转换为小写字母；若为小写字母，将其转换为大写字母；若为其他字符，则保持不变。转换后输出。例如，

输入：I am Chinese^_^

输出：I AM cHINESE^_^

```
#include <stdio.h>
int main()
{
  char s[80];
  int i;
  printf("Please input a string:");
     gets(s);
```

```
    i=0;
    while(______①______)
    {
       if(s[i]>='a'&&s[i]<='z')
          s[i]=s[i]-32;
       else if(______②______)
          s[i]=s[i]+32;
       ______③______;
    }
    puts(s);
    return 0;
}
```

5. 用选择排序法对数组 a 中的 n 个元素按升序排序。

```
#include<stdio.h>
int main()
{
    int a[] = {-13,-5,8,3,1,2,-19},n=sizeof(a)/sizeof(int);
    int i, j, min,t;
    for( i=0; i<=n-2;   ______①______)
    {
        min=i;
        for( j=i+1; j <=n-1; j++)
            if(______②______)
                min=j;
        if( min!=i )
        {
            t=a[min];
            ______③______;
            a[i]=t;
        }
    }
    for(i=0;i<n;i++)
       printf("%d   ",a[i]);
    return 0;
}
```

6. 函数 Insert (int a[],int n,int x)的功能是将整数 x 插入数组 a 中的第一个元素之前。例如，数组 a 中的原来的元素为 2,4,6,8,10,9,7,5,3,1，插入新元素 18 后为：18, 2,4,6,8,10,9,7,5,3,1。

```
#include<stdio.h>
void Insert (int a[],int n,int x)
{
```

```
        int i;
        for(i=n-1;______①______; i--)
            a[i+1]=a[i];
        ______②______
    }
    int main()
    {
      int d[11]={1,12,3,14,5,16,7,18,9,10},x,i;
      printf("Please input x:");
      scanf("%d",&x);
      Insert (______③______);
      for( i=0;i<11;i++)
        printf("%-4d",d[i]);
      return 0;
    }
```

三、编程题(每小题 6 分，共 24 分)

1. 用 if 语句编写程序，输入 x 值，根据下列公式输出 y 值，结果保留 3 位小数。例如：输入−4.5，输出 y=−1.000；输入 2，输出 y=1.015；输入 4.5，输出 y=266.786。

$$y=\begin{cases}-1, & x<2\\ \tan x+3.2, & x=2\\ \dfrac{x^5}{\ln(2x+1000)}, & x>2\end{cases}$$

2. 输入 n 的值，计算下列公式前 n 项和，例如输入 n 为 99，则公式的和为 0.837375。

$$1-\frac{1}{4}+\frac{1}{7}-\frac{1}{10}+\frac{1}{13}-\frac{1}{16}+\frac{1}{19}-\cdots$$

3. 定义一个如下图 3 行 5 列的数组，计算并输出该二维数组表示的矩阵中各行元素的平均值，结果保留两位小数。

2	5	6	8	13
3	11	17	−9	2
5	16	19	0	7

4. 定义圆类 circle，私有数据成员半径 r，在类体内或类体外定义成员函数 void set()和 void show()，用构造函数初始化各成员变量值为 0。在主函数中创建圆类对象 c，通过调用 set()函数输入半径 r，通过 show()输出圆面积 area。例如，

输入：2

输出：s=12.56

模拟试卷五

一、选择题(每小题 2 分，共 40 分)

1. 下列关于 C 语言程序的叙述错误的是(　　)。

   A. 一个 C 语言程序由一个或多个函数组成

   B. 编译时注释部分的错误会被发现

   C. 注释内容必须放在/*和*/之间

   D. 可以在{}内写若干条语句，构成复合语句

2. (　　)为正确的用户标识符。

   A. 1_row　　B. min-5　　C. union　　D. m_A_1

3. 若已定义：int a=1,b=2,c=3;，则正确的表达式是(　　)。

   A. a=b+1=c　　B. c=(a,b)　　C. a+b=c　　D. a=b\c

4. 若已定义 int a=100,b=3;，则表达式 !a||b 的值为(　　)。

   A. 0　　B. 1　　C. 2　　D. 3

5. 若已定义：char chr; double a;，拟从键盘将'A'和 6 分别赋予变量 chr 和 a，则正确的输入语句是(　　)。

   A. scanf("%c%lf",&chr,&a);　　B. scanf("%c%f",&chr,&a);

   C. scanf("%d%lf",&chr,&a);　　D. scanf("%d%f",&chr,&a);

6. 能正确表示数学关系式 k≤0 或 k≥10 的 C 语言表达式是(　　)。

   A. (k<=0) && (k>=10)　　B. (k>=0) && (k<=10)

   C. (k<=0) || (k>=10)　　D. (k>=0) || (k<=10)

7. 若已定义：int a=0,b=2,c=3;，则表达式!a +b <c 的值为(　　)。

   A. 1　　B. 2　　C. 0　　D. 3

8. 以下程序段的运行结果是(　　)。

```
int a=4,b=5;
if (a<b--) printf("True: %d\n",++a);
else printf("False: %d\n",b++);
```

   A. True: 5　　B. False: 5　　C. False: 4　　D. True: 4

9. 以下程序段的运行结果是(　　)。

```
int i,n=1;
for(i=1;i<=10;i++)
{ n++; i++;}
   printf("%d\n",n);
```

   A. 5　　B. 6　　C. 10　　D. 11

10. 若已定义：int a[6]={1,2,3,4,5,6};char c='b';，则表达式值为 3 的是(　　)。

A. a[3]　　B. a['d'-'c']　　C. a['d'-c]　　D. a[c]

11. 下列数组定义中，错误的是(　　)。

A. int arr[][3]={{0},{1},{2},{3,1}};

B. int arr[4][3]={{1,2},{3},{0}};

C. int arr[4][]={0,1,2,3,4,5,6,7,8,9,10,11};

D. int arr[][3]={10,9,8,7,6,5,4,3,2,1};

12. 以下对 C 语言字符数组描述中，错误的是(　　)。

A. 可以用 strcmp()函数比较两个字符串的大小

B. 可以在赋值语句中通过赋值运算符"="对字符数组整体赋值

C. 存放在字符数组中的字符串，以'\0'作为该字符串结束标志

D. 字符数组可以存放字符串或字符

13. 以下程序的运行结果是(　　)。

```
#include <stdio.h>
int fun(int n)
{if(n==1)   return (1);
  else   return ( n*fun(n-1) );
}
void main( )
{ int x;
  x=fun(2);
  printf("%d\n",x);
}
```

A. 1　　B. 4　　C. 3　　D. 2

14. 在 C 语言中，数组名作为函数调用的实参时，下面叙述正确的是(　　)。

A. 传递给形参的是数组元素的个数

B. 传递给形参的是数组第一个元素的值

C. 传递给形参的是数组中全部元素的值

D. 形参数组中各元素值的改变会使实参数组相应元素的值同时发生变化

15. 若已定义：char a[]="student",*p=a;，则能正确指向存放字符'u'单元的表达式是(　　)。

A. a+2　　B. *(a+5)　　C. p+5　　D. *(p+2)

16. 以下程序的运行结果是(　　)。

```
#include <stdio.h>
void fun(int *p1,int *p2)
{ int sum;
  sum=*p1+*p2;
  *p1=sum-*p1;
  *p2=sum-*p2;
}
```

```
int main( )
{ int a=2,b=3;
  fun(&a,&b);
  printf("%d,%d\n",a,b);
  return 0;
}
```

A. 2,2　　B. 3,2　　C. 2,3　　D. 3,3

17. 执行以下程序段后，能正确引用"Li Ming"的是(　　)。

```
struct salesperson
{ char name[10];
  int amount;
}sm[3]={{"Ma Li",163},{"Li Ming",155},{"Jack",172}};
struct salesperson *p;
p=sm;
```

A. *(p+1).name　　B. *p.name　　C. (p+1)->name　　D. p->name

18. 下列不属于C++规定的类继承方式是(　　)。

A. protective　　C. private　　B. protected　　D. public

19. 派生类的对象可以访问(　　)。

A. 公有继承的基类的公有成员　　B. 公有继承的基类的保护成员

C. 公有继承的基类的私有成员　　D. 保护继承的基类的公有成员

20. 下列有关重载函数的说法中，正确的是(　　)。

A. 重载函数必须具有不同的返回值类型

B. 重载函数形参个数必须不同

C. 重载函数必须有不同的形参列表

D. 重载函数名可以不同

二、程序填空(每空2分，共36分)

1. 计算多项式$1+\frac{1}{2}+\frac{1}{3}+\frac{1}{4}\cdots+\frac{1}{n}$的近似值，要求计算到最后一项$\frac{1}{n}$不大于$10^{-6}$为止。

```
#include <stdio.h>
int main()
{
    int i=1;
    double ______①______;
    do
    {
    x= ______②______;
    i++;
```

```
    ______③______;
  }while(x>1e-6);
  printf("\n%f",sum);
  return 0;
}
```

2. 补充程序函数 Max( )功能：返回二维数组 a 的最大元素值。

```
#include <stdio.h>
#define N 4
int Max(int a[][N],int m)
{
    int i,j,max=a[0][0];
    for(i=0; i< ____①____; i++)
      for(j=0;j<N;j++)
          if(a[i][j]>max)
          max=____②____;
    return  ______③______;
}
int main()
{
    int b[3][4] = {{1,2,3,4},{0,1,-2,3},{12,-2,8,-32}},i;
    printf("max=%d  ",Max( b ,3));
    return 0;
}
```

3. 有 100 根钢管需 100 匹驴驮运，若大驴驮 4 根，中驴驮 2 根，两匹小驴共驮 1 根，输入应配备的大、中、小驴的匹数组合，并输出所有组合的配备方案。

```
#include <stdio.h>
int main()
{
  int large,middle,small,n;
  ______①______;
  for( large=0;large<=25;large++ )
    for( middle=0;middle<=50;______②______)
     {
       small =100-large-middle;
       if(__________③__________)
       {  n++;
          printf("large: %d, middle: %d, small: %d\n",large,middle,small);
       }
     }
  printf("\nThere are %d solutions.\n",n);
```

```
    return 0;
}
```

4．输入一个整数 a(−10000<=a<=10000)，输出它除以 3 的实数商以及商的第 2 位小数。

```
#include <stdio.h>
int main()
{
    int a,secDigit;
    double f;
    printf("Please input a:");
    scanf("%d", ____①____);
    f= ____②____;
    secDigit= (int) (f*100)%____③____;
    printf("The quotient is %f and the second float digit is %d\n",f,secDigit);
    return 0;
}
```

5．实现如下 5×5 二维数组表示的矩阵左上半三角(不含对角线)各元素乘以 2；右下半三角(含对角线)各元素加 3。

```
1 1 1 1 1            2 2 2 2 4
2 2 2 2 2            4 4 4 5 5
3 3 3 3 3    ⇨      6 6 6 6 6
4 4 4 4 4            8 7 7 7 7
5 5 5 5 5            8 8 8 8 8
```

```
#include <stdio.h>
#define N 5
int main()
{ int a[N][N],i,j;
  for(i=0;i<N;i++)
     for(j=0;j<N;j++)
        a[i][j]=i+1;
  for(i=0;i<N;i++)
     for(j=0;j<N;j++)
        {if(____①____ <N-i-1)
             a[i][j]*=2;
         else
             a[i][j]+=____②____;
        }
  printf("Now Array a is turned:\n");
  for(i=0;i<N;i++)
     {for(j=0; j<N ; ____③____)
```

```
            printf("%3d ",a[i][j]);
        printf("\n");
    }
    return 0;
}
```

6. 输入一个字符串，对其中字符按照ASCII码值升序排列后输出。

```
#include <stdio.h>
#include <string.h>
int main()
{
    char str[100], ______①______;
    int i,j,len;
    printf("Input string:");
    gets(str);
    len= strlen(str) ;
    for(i=0;i<len-1;______②______)
    {
      for(j=i+1;j<len;j++)
        if(str[i]>______③______)
          {
            temp=str[i];
            str[i]=str[j];
            str[j]=temp;
          }
     }
    printf("Sorted string:");
    puts(str);
    return 0;
}
```

三、编程题(每小题6分，共24分)

1. 用if语句编写程序，输入x值，根据下列公式输出y值，结果保留两位小数。例如：输入1.7，输出y=6.47；输入0，输出y=1.00；输入3.5，输出y=34.12。

$$y=\begin{cases}1+e^{x}, & x>0\\ 1, & x=0\\ \ln(x^{2}+3.5), & x<0\end{cases}$$

2. 输入n(n<10)的值，计算下列公式前n项和：$1+22+333+4444+55555+\cdots$

3. 编程完成以下功能：输入一行字符，统计此字符串中英文单词的个数，英文单词之间用空格分隔。例如，输入：I am Chinese.，输出：Numbers=3。

4. 定义日期类Date，有3个私有数据成员year、month、day，在类体内定义成员函数void set()，set用于输入日期，在类体外定义成员函数void print()，print用于输出日期，输出格式显示为xxxx-xx-xx，且将月、日前的空格用0填充。在主函数中创建日期类对象d，通过调用set()函数输入year、month、day，通过print()输出日期。

模拟试卷六

一、选择题(每题2分，共40分)

1. 下列叙述中，不正确的是(　　)。
   A. 一个C程序只能包含一个main函数
   B. 一个C程序可以包含多个main函数
   C. main函数可以有返回值
   D. main函数不一定要放在源程序的开头
2. 下列不属于C语言基本数据类型的是(　　)。
   A. 整型　　B. 字符型　　C. 浮点型　　D. 结构体类型
3. 下列非法的字符常量是(　　)。
   A. '1'　　B. 'a'　　C. '?'　　D. "ab"
4. 若有定义：int a=3;，则合法的赋值语句是(　　)。
   A. 1+2=a;　　B. a="abc";　　C. a=a+2;　　D. 1=a;
5. 若已定义：int a=10; double x=3.5;，则表达式(int)(x+a)的值是(　　)。
   A. 3　　B. 13　　C. 0　　D. 1
6. 以下程序段的运行结果是(　　)。

```
int x=1,y=2;
if (x>=y) ++y;
else --y;
printf("x=%d,y=%d\n",x,y);
```

   A. x=1,y=2　　B. x=1,y=3
   C. x=1,y=1　　D. x=1,y=0
7. 以下程序的运行结果是(　　)。

```
#include <stdio.h>
int main()
{ int n=5;
switch(n++)
{ case 6: printf("%d ",n++);break;
  case 5: printf("%d ",n);
  default:printf("%d ",n);
```

```
}
return 0;
}
```

A. 5 5　　B. 6　　C. 7　　D. 6 6

8. 执行以下程序后，s 的值为(　　)。

```
#include <stdio.h>
int main()
{ int i,s=0;
  for(i=1;i<=10;i++)
  { if(i%3==0) break;
    s+=i;
  }
printf("%d",s);
}
```

A. 0　　B. 3　　C. 45　　D. 27

9. 以下程序段的运行结果是(　　)。

```
int a[10]={1,2,3,4,5,6,7,8,9,10}, i;
int sum=0;
for(i=0;i<10;i=i+2)
sum+=a[i];
printf("%d", sum);
```

A. 0　　B. 25　　C. 1　　D. 10

10. 以下程序段的运行结果是(　　)。

```
char s[]="intern\0ation";
printf("%d",strlen(s));
```

A. 6　　B. 7　　C. 8　　D. 13

11. 以下程序段的运行结果是(　　)。

```
char a[]="country";
char b[]="game";
strcpy(a,b);
printf("%c",a[1]);
```

A. n　　B. u　　C. e　　D. a

12. 对枚举类型进行定义，不正确的是(　　)。

A. enum b{1, 2, 3};　　B. enum a{A, B, C};

C. enum c{D=3, E, F};　　D. enum d{X=0, Y=5, Z=9};

13. 在对于无符号数的位运算中，操作数右移 2 位相当于(　　)。

A. 操作数除以 2　　B. 操作数乘以 2
C. 操作数除以 4　　D. 操作数乘以 4

14. 若有定义：int a=20,b=28,c;，则执行语句 c=(a^b)<<2;后，c 的值为(　　)。
A. 2　　B. 5　　C. 32　　D. 92

15. 标准函数 fgets(s,n,f)的功能是(　　)。
A. 从文件 f 中读取长度为 n 的字符串存入指针 s 所指的内存
B. 从文件 f 中读取长度为 n−1 的字符串存入指针 s 所指的内存
C. 从文件 f 中读取 n 个字符串存入指针 s 所指的内存
D. 从文件 f 中读取长度不超过 n−1 的字符串存入指针 s 所指的内存

16. 运行以下程序后，屏幕显示 File open error!，则可能的原因是(　　)。

```
#include<stdio.h>
 int main()
{ FILE *fp;
  char str[256];
  fp=fopen("test.txt","rt");
  if(fp==NULL)
  { printf("File open error!");
    return 0;   }
  fscanf(fp,"%s",str);
  fclose(fp);
return 0;
}
```

A. 当前工作目录下有 test.txt 文件，但 test.txt 文件太小
B. test.txt 文件不能关闭
C. 当前工作目录下没有 test.txt 文件
D. 当前工作目录下有 test.txt 文件，但 test.txt 文件太大

17. 下列特性中，(　　) 不是面向对象程序设计的特性。
A. 封装性　　B. 完整性　　C. 多态性　　D. 继承性

18. 以下关键字不能用来声明类的访问权限的是(　　)。
A. public　　B. static　　C. protected　　D. private

19. 类的析构函数可以带有(　　)个参数。
A. 0　　B. 1　　C. 2　　D. 任意

20. 下列各类函数中，(　　)不是类的成员函数。
A. 构造函数　　B. 析构函数
C. 友元函数　　D. 复制初始化构造函数

二、程序运行题(每题 3 分，共 15 分)

1. 以下程序的运行结果是________________。

```
#include <stdio.h>
int main()
{ int i;
  for(i=0; i<=3; i++)
    switch(i)
    {  case 0: printf("%d", i); break;
       case 1: printf("%d",i);
       default: printf("%d",i);
    }
    return 0;
}
```

2. 以下程序的运行结果是________________。

```
#include <stdio.h>
int main()
{  int i,j, k=0;
   int a[4][4];
   for(i=0;i<=3;i++)
     for(j=0;j<=3;j++)
      if (i==j) a[i][j] = 5 ;
      else    a[i][j]= i+j ;
   for(i=0;i<=3;i++)
     printf("%d ",a[1][i]);
   return 0;
 }
```

3. 以下程序的运行结果是________________。

```
#include<stdio.h>
int main()
{ char str[20]="BeiJing2022!";
  int i,n1=0,n2=0,n3=0,n4=0;
  for(i=0;str[i]; i++)
  { if (str[i]>='0'&&str[i]<='9')   n1++;
    else if(str[i]>='a'&&str[i]<='z')   n2++;
    else    if(str[i]>='A'&&str[i]<='Z')   n3++;
    else    n4++;
  }
printf("%d,%d,%d,%d\n",n1,n2,n3,n4);
return 0;
}
```

4. 输入 19,38，以下程序的运行结果是______________。

```
#include <stdio.h>
void swap(int *x,int *y)
{ int temp;
  temp=*y;
  *y=*x;
  *x=temp;
}
int main()
{ int a,b;
  scanf("%d,%d",&a,&b);
  swap(&a,&b);
  printf("a=%d, b=%d\n",a,b);
  return 0;
}
```

5. 阅读下列程序，输入 Hello C，运行结果是______________。

```
#include <stdio.h>
#include<string.h>
int main()
{ char str[100],ch;
  int len,i,j;
  gets(str);
  len=strlen(str);
  i=0;
  j=len-1 ;
  while(i<len/2)
  { ch=str[i];
    str[i]=str[j];
    str[j]=ch;
    i++;
    j--;
  }
  printf("%s\n",str);
  return 0;
}
```

三、程序填空题(每题 4 分，共 24 分)

1. 编程判断一个整数 n 是奇数还是偶数。

```
#include <stdio.h>
int main()
{ int n;
  scanf("%d",____①____);
```

```
  switch(___②___)
  { ___③___ :
      printf("%d 是偶数",n);___④___ ;
   case 1：printf("%d 是奇数",n);
  }
  return 0;
}
```

2. 计算 sum=1-3+5-7+…-99+101 的值。

```
#include <stdio.h>
int main()
{
    int i,sign=1；
    int sum= ___①___;
    for(i=1;i<=___②___;i+=2)
    { sum+=___③___;
     sign=___④___;
    }
    printf("sum=%d\n",sum);
    return 0;
 }
```

3. 用递归函数求最大公约数。例如，

输入：48, 72，

输出：24。

```
#include <stdio.h>
int gcd(int a,int b)
{ int r=___①___;
  if(r==0) return b;
    else ___②___;
}
int main()
{ int a,b,m;
  scanf("%d,%d", ___③___);
  m=___④___;
  printf("%d",m);
  return 0;
}
```

4. 下列程序的功能是统计一个英文句子的单词个数。

```
#include <stdio.h>
int main()
```

```
{ char a[80];
  int i,n,____①____,flag=1;
  printf("input a string:\n");
  ____②____ ;
  for(i=0;a[i];i++)
   if (a[i]==32)____③____;
   else if (a[i]!=32 && flag==1) { ____④____;flag=0;}
  printf("count=%d",count);
  return 0;
}
```

5. 根据输入的行数 n，打印 n 行图案。

当 n=5 时，图案如下：

```
EEEEE
DDDD
CCC
BB
A
```

```
#include <stdio.h>
int main()
{ int ____①____ ;
  printf("n=");
  scanf("%d",____②____);
  for(row=n;row>=1;____③____)
  { for(col=1;col<=row;col++)
      putchar(____④____);
      printf("\n");
  }
  return 0;
}
```

6. 从键盘输入一个升序排列的整数数组 a[10] 及整数 x，用折半查找法查找并输出 x 在数组 a 中首次出现的下标，没找到 not found!信息。

```
#include<stdio.h>
int main()
{ int a[10],x,i,n=10;
    int left=0,right=____①____,mid;
    printf("input a[10]:\n");
    for(i=0; i<n;i++) scanf("%d",&a[i]);
    printf("input x:\n");
    scanf("%d",&x);
    while(____②____)
    {mid=____③____;
```

```
    if(x==a[mid])
    { printf("%d is a[%d].\n",x,mid);
      return 0;}
    else  if(x>a[mid])  ④  ;
    else  right=mid-1;
    }
if (left>right)
printf("%d is not found!\n",x);
return 0;
}
```

四、编程题(每题 7 分，共 21 分)

1. 编程计算下列表达式的值(单精度型，要求结果保留 4 位小数)。

$$y=\begin{cases}\ln x^2, & x<0\\ 1+e^x, & x\geqslant 0\end{cases}$$

2. 从键盘输入整数 n，计算下面公式 sum 的值(双精度型，要求结果保留 2 位小数)。

$$sum=\frac{1}{1\times 2}+\frac{1}{2\times 3}+\cdots+\frac{1}{n\times(n+1)}$$

3. 定义时间类 Time，私有数据成员为 hour、minute、sec，在类体内定义成员函数 void set()和 void print()，用构造函数初始化各成员变量值为 0。在主函数中创建时间类对象 t，通过调用 set()函数输入时、分、秒，通过 print()输出时间。举例如，

输入：5,28,30

输出：5:28:30

模拟试卷七

一、选择题(每题 2 分，共 40 分)

1. (   )为非法的用户标识符。

A. Car5　　B. _continue　　C. 5k　　D. Demos

2. 若已定义：int m=6;，则正确的赋值表达式是(   )。

A. m*1=m　　B. 6=m　　C. m*=m+6　　D. m/2=3

3. 下列定义变量的语句，正确的是(   )。

A. double x=3.14,int x,y=18;　　B. int x=1,y,z=2;

C. int x=0;y=1;z=2;　　D. int x,y=z=2;

4. 若已定义：char a='b';，则下列表达式错误的是(   )。

A. a+=5　　B. a="e"　　C. a='8'-1　　D. a= 'o'+2

5. scanf( )函数中，用于读取字符串的格式控制符是(　　)。

A. "%d"　　B. "%s"　　C. "%c"　　D. "%f"

6. 若已定义：int a=2,b=0;，则表达式 !a||!b 的值为(　　)。

A. 0　　B. 1　　C. 2　　D. 3

7. 以下程序段执行后的输出结果是(　　)。

```
int x=4;
do { printf("%d ", x-- );
}while(!(x-=3));
```

A. 4 -1　　B. 3 0　　C. 死循环　　D. 4 0

8. 执行以下程序段后，x[0]的值为(　　)。

```
int x[5]={5,4,3,2,1};
x[0]=x[1]+x[2]-x[3]-x[4];
```

A. 4　　B. 6　　C. 7　　D. 5

9. 以下程序段的运行结果是(　　)。

```
int a[]={1,2,3,4},i;
for(i=0;i<=3;i+=2)
      { a[i]=a[i]*4; }
for(i=0;i<4;i++)
  printf("%d    ",a[i]);
```

A. 4 8 12 16　　B. 4 2 12 4　　C. 4 8 12 4　　D. 4 2 12 16

10. 执行以下程序段后，sum 的值是(　　)。

```
int a[3][3]={1,2,3,4,5,6,7,8,9};
int i,j,sum=0;
for(i=0;i<3;i++)
   for(j=i;j<3;j++)
     sum+=a[i][j];
```

A. 20　　B. 15　　C. 26　　D. 19

11. 若已定义 char b[20]="Nice to meet you!";，则实现输出字符串"meet"的语句是(　　)。

A. printf("%s",b);　　B. printf("%s",b+8);

C. printf("%c",b+8);　　D. printf("%c",b[8]);

12. 若已定义：char str1[20]={"Iphone"},str2[20];，则(　　)语句是正确的。

A. str2=str1;　　B. str2="iPAD";

C. scanf("%s",str2);　　D. copy(str2=str1);

13. 若已定义 char str[20]={'a','b','c','\0','d','\0'};，则执行语句 printf("%s",str); 后输出的结果是(　　)。

A. abcd　　B. abc　　C. ab\0cd　　D. ab\0cd\0

14. 以下程序的功能是(　　)。

```
#include <stdio.h>
int main()
{ FILE *fp;
 long int n;
 fp=fopen("wj.txt","rb");
 fseek(fp,0,SEEK_END);
 n=ftell(fp);
 fclose(fp);
 printf("%ld",n);
}
```

A. 计算文件 wj.txt 的起始地址　　B. 计算文件 wj.txt 的终止地址
C. 计算文件 wj.txt 内容的字节数　　D. 将文件指针定位到文件末尾

15. 执行以下程序后，屏幕显示 write ok!。下列说法正确的是(　　)。

```
#include <stdio.h>
int main()
{ FILE *fp;
 fp=fopen("data.txt","wt");
 if(fp!=NULL)
 { fprintf(fp, "%s\n", "File write successed!\n");
   fclose(fp);
     printf("write ok!\n");
 }
 return 0;
}
```

A. 当前工作目录下存在 data.txt 文件，其中的内容是"write ok!"
B. fclose(fp);语句的功能是打开文件
C. 当前工作目录下一定不存在 data.txt 文件
D. 当前工作目录下一定存在 data.txt 文件

16. 下列(　　)不是面向对象程序设计的主要特征。
A. 封装　　B. 继承　　C. 多态　　D. 结构

17. 类中定义的成员默认为(　　)访问属性。
A. public　　B. private　　C. protected　　D. friend

18. 结构中定义的成员默认为(　　)访问属性。
A. public　　B. private　　C. protected　　D. friend

19. 对于一个类的构造函数，其函数名与类名(　　)。
A. 完全相同　　B. 基本相同　　C. 不相同　　D. 无关系

20. 下列有关析构函数特征的描述中，正确的是(　　)。

A. 一个类可以有多个析构函数　　B. 析构函数与类名完全相同

C. 析构函数不能指定返回类型　　D. 析构函数可以有一个或多个参数

二、程序运行题(每题 3 分，共 15 分)

1. 从键盘输入整数 x 及整数数组 a[10]，以下程序的运行结果是____________________。

```
input x:5
input a[10]:1 4 5 6 8 3 2 7 15 11
#include<stdio.h>
int main()
{ int a[10],x,i;
  printf("input x:");
  scanf("%d",&x);
  printf("input a[10]:");
  for(i=0; i<10;i++) scanf("%d",&a[i]);
  for(i=0; i<10;i++)
     if(x== a[i])
     { printf("%d is a[%d].\n",x,i);
        break;
     }
     if(i==10)
      printf("%d is not found!\n",x);
     return 0;
}
```

2. 输入 Welcome!，以下程序的运行结果是____________________。

```
#include <stdio.h>
void invert (char str[])
{   if(str[1]=='\0') //只有一个字符，直接输出
    {   printf("%c", str[0]);
        return;
    }
  else
    {   invert(str+1);
        printf("%c",str[0]);
        return;
    }
}
int main()
{   char str[100];
    scanf("%s",str);
    invert(str);
```

```
    return 0;
}
```

3. 输入字符串 str 为"AbCdEegH"，则以下程序的运行结果是____________________。

```
#include <stdio.h>
int main()
{ char s[100],arr[100];
  int i,j=0;
  scanf("%s",s);
  for (i=0;s[i];i++)
  if (i%2==1&&s[i]%2==0)
     arr[j++]=s[i];
  arr[j]='\0';
  printf("\n%s",arr);
  return 0;
}
```

4. 在下列程序中输入 21 2 3 4 67 58 23 45，运行结果是____________________。

```
#include <stdio.h>
int f(int a[],int *m)
{ int i;
   int x;
   x=a[0];
   *m=a[0];
   for (i=1;i<8;i++)
     {if(x<a[i])x=a[i];
        if(*m>a[i]) *m=a[i];
     }
   return x;
}
int main()
{ int a[8],n=8;
   int i,x,y;
   for (i=0;i<n;i++)
       scanf("%d",&a[i]);
   x=f(a,&y);
   printf("x=%d,y=%d",x,y);
   return 0;
}
```

5. 下列程序的运行结果是____________________。

```
#include <stdio.h>
```

```
int main()
{ int i,j,k;
  for(i=1; i<=5; i++)
  { for(j=1;j<=5-i;j++)
          printf(" ");
    for(k=1;k<=i;k++)
          printf("*");
    printf("\n");
  }
  return 0;
}
```

三、程序填空题(每题 4 分，共 24 分)

1. 下面程序的功能是实现两个整数的对调操作。

例如，输入：3 5 回车

输出：a=5,b=3

```
#include <stdio.h>
int main()
{ ___①___ a,b,t;
  scanf("%d%d",___②___);
  t=a;
  a=_____③_____;
  b=_____④_____;
  printf("a=%d,b=%d\n",a,b);
  return 0;
}
```

2. 从键盘输入若干个学生的学习成绩(0~100)，统计并输出最高成绩和最低成绩，当输入−1时结束输入。例如，输入：11 22 55 66 88 77 99 33 44−1；输出：max=99,min=11。

```
#include <stdio.h>
int main()
{ int score,max,min;
  scanf("%d",___①___);
  max=min=score;
  while(score>=0)
  { if(max<score)
      _____②_____;
    else if(___③___)
      min=score;
    _____④_____;
  }
```

```
  printf("max=%d,min=%d\n",max,min);
  return 0;
}
```

3. 求二维数组 a 中各元素的和。

```
#include <stdio.h>
 int a[2][3]={1,2,3,4,5,6};
 int main()
{    int sum=____①____;
     int ____②____;
     for(i=0;____③____;i++)
        for(j=0; j<3;j++)
           sum+=____④____;
  printf("和是：%d\n",sum);
  return 0;
}
```

4. 输出 0~20 之间的所有素数，统计总个数。

```
#include<stdio.h>
int main()
{ int x,i,________①________;
   for(x=2;x<=20;x++)
   { for (i=____②____;i<x;i++)
          if(x%i==0)____③____;
   if (i==x)
   { printf("%3d",x);____④____;}
 }
   printf("\ncount=%d",count);
   return 0;
}
```

5. 以下程序的功能是逆序输出给定数组，运行结果为－99 33 66 11。

```
#include<stdio.h>
____①____;
int main()
{ int a[4]={11,66,33,-99};
  int i;
  ____②____;
  for (i=0;i<4;i++)
     printf("%d ",a[i]);
  return 0;
}
```

```
void intsort(int *p,int n)
{ int i,______③______,*p1,*pn;
  for (i=0;i<n/2;i++)
  { p1=p+i; pn=______④______ ;
    temp=*p1;
    *p1=*pn;
    *pn=temp;
  }
}
```

6. 用冒泡法对整型数组 a 中的 10 个数进行降序排列。

```
#include<stdio.h>
int main()
{ int a[10];
  int i,j,t;
  for (i=0;i<=9;i++)
    scanf("%d", ____①____);
  for (i=0;i<=8;i++)
    for (j=0;j<=____②____;j++)
      if( ____③____ )
        { ______________④______________}
  for (i=0;i<=9;i++)
      printf("%d    ",a[i]);
  return 0;
}
```

四、编程题(每题 7 分，共 21 分)

1. 根据给定的分段该函数，计算数学表达式的值：

$$y=\begin{cases}1.2, & x<3\\ \sin x, & x=3\\ 2x+1, & x>3\end{cases}$$

2. 统计字符串中数字字符的个数。

3. 定义长方形类 rect，私有数据成员为长 len、宽 width，在类体外定义成员函数 void set()和 void display()，用构造函数初始化各成员变量值为 0。在主函数中创建长方形类对象 t，通过调用 set()函数输入长和宽，通过 display()输出长方形面积 s。

例如，输入：8,5；输出：s=40。

第 11 章

C语言程序设计课程设计报告范例

图书出入库管理系统

一、课程设计目的

初步理解数据处理的一般方法，了解数据的读取、处理、保存等技术。深入理解 C 语言中控制语句、数组、函数(系统函数、自定义函数)、指针、结构体数组文件操作等知识的综合应用，提高用 C 语言解决实际问题的技术和能力。

通过图书出入库管理系统，初步了解系统开发的一般过程，掌握分析结果的若干有效方法，能够灵活选择合适的数据结构及算法解决实际系统开发中遇到的问题。培养使用计算机分析问题、解决问题的能力以及实际动手能力。熟悉编制和调试程序的技巧，养成提供文档资料的习惯和规范编程的思想，加强对一个系统开发的整体把控能力，为后续课程实践打下扎实的基础。

二、系统开发环境

运行环境：DEV C++ 5.4/Visual C++ 6.0。

三、系统分析与设计

软件开发流程(software development process)即软件设计思路和方法的一般过程，包括设计软件的功能和实现的算法和方法、软件的总体结构设计和模块设计、编程和调试、程序联调和测试以及编写、提交程序。系统开发过程大致包括系统功能需求分析、系统设计、编程实现和调试、测试、提交程序和相关文档，下面主要介绍系统功能需求分析和系统设计。

1. 系统功能需求分析

图书出入库管理系统具体的功能包括：图书入库(进书采购时)、图书销售、查看图书库存情况、添加图书、删除图书、数据保存、数据备份等功能，如图 11-1 所示。bk 数组的数据来自文件 bookdata.txt，bk 数组作为数据基础，所有的功能操作都围绕着数组 bk，影响 bk 数组，其数据的变化最终也要保存到 bookdata.txt 文件中。

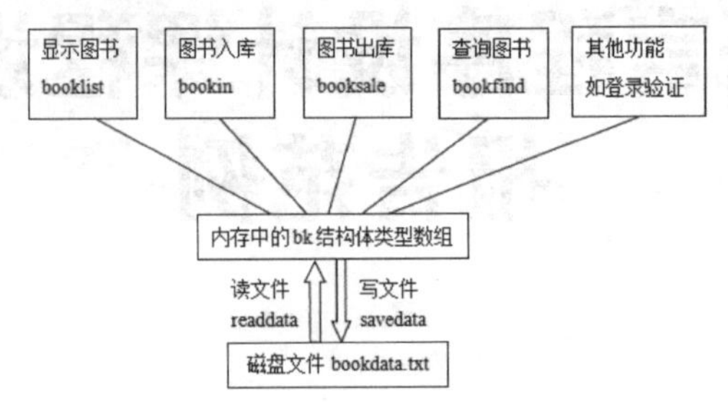

图 11-1　系统数据流动示意图

基本功能：通过该系统可以进行图书信息显示、图书入库、图书出库、图书查询等操作。

可选功能：通过该系统可以进行系统登录身份权限验证，如验证图书管理人员姓名和登录密码等。

添加图书时需要录入以下内容：书号、书名、作者、单价、出版社。

2. 系统设计

(1) 数据库设计：以文本文件形式存储图书信息。包含以下字段：书号、书名、作者、出版社、图书入库时间。通过文件相关操作读取数据后，进行出入库管理。

(2) 界面设计：包括系统主菜单功能选择界面、图书信息显示界面、图书入库界面、图书出库界面、图书查询界面。其他功能，如系统登录界面等，自行选择添加。

功能选择界面：进行操作功能的选择，如选择图书信息显示、图书入库、图书出库、图书查询后，进入相应的功能操作界面。

系统登录界面：输入正确的管理人员姓名和密码即可登录系统。如果连续 3 次输入错误，则系统自动关闭。

(3) 相关数据结构设计。定义图书信息为结构类型 BOOK，成员包括书号、书名、作者、单价、出版社和库存册数。

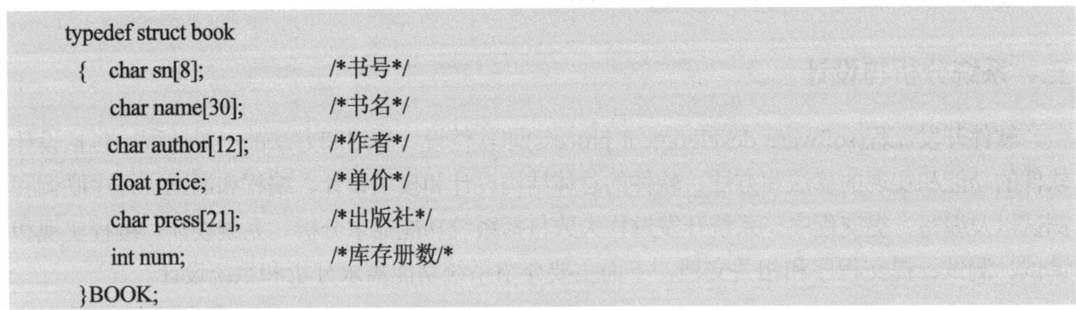

```
typedef struct book
  {  char sn[8];              /*书号*/
     char name[30];           /*书名*/
     char author[12];         /*作者*/
     float price;             /*单价*/
     char press[21];          /*出版社*/
     int num;                 /*库存册数/*
  }BOOK;
```

最大数组长度设置为 100，即#define MAXNUM 100。

图书信息保存在 BOOK 类型的数组 bk 中，数组 bk 中的每个元素的各成员值代表一种图书信息，退出系统时要把数组中的数据保存到文件 bookdata.txt 中。启动程序时，数组从文件中读取数据。数组设置为全局数组：

```
BOOK bk[MAXNUM];
```

图书种类数量 bkcount 设为全局变量，退出系统时，应该保存在文件中。

```
int bkcount=0;   /*不同图书的数量，初始值为 0*/
```

四、功能实现

1. 图书信息显示

显示库存中现有的图书。相关函数原型：

```
void booklist()
```

2. 图书入库

入库时，先输入待入库图书的书号，如果该书号已经存在，则进入下一个界面直接显示该图书的详细信息，并输入所要入库数量后，显示入库后图书情况，更新书库中的图书数量；如果书号不存在，则显示书库没有此书，可以接着录入新入库的图书信息，更新 bk 数组，并保存到指定图书信息文件 bookdata.txt 中。添加新图书时，书号、书名信息不能为空，且书号不能重复出现。

相关函数原型：

```
void bookin()
```

3. 图书出库

出库时，先输入待出库图书的书号，系统会告知该书是否在库存清单中，如果该书号已经存在，则进入下一个界面直接显示该图书的详细信息，并询问所需出库的册数。输入出库数量后，库存册数足够，则出库成功，库存图书册数减去出库的册数，更新书库中的图书数量；如果书号不在，则显示书库没有此书。如果库存图书的册数不足，显示库存不足，提示出库失败。

出库后，库存册数为 0 的图书信息应该删除。删除图书前，要有确认删除的提示信息，避免误删。

相关函数原型：

```
void booksale()
```

4. 图书查询

图书查询分为按书号查询、按书名查询、按作者查询 3 种查询方式，选择对应的选项进入查询，如果在书库中存在此书则输出此书信息，如果没有，则显示书库没有此书。

5. 打开和保存数据文件

所有图书相关信息都可以保存在磁盘文件(bookdata.txt)中，程序开始后，先从数据文件读取数据(到数组)，以数组为中心进行图书出/入库等进销操作；所有操作结束后，退出程序时必须把数组数据保存回磁盘文件，并把原数据文件作为备份文件 bookdata.bak。

相关函数原型：

```
void readdata()
```

从文件读取数据到 bk 数组。

void davedata( )保存 bk 数组的数据到文件，同时备份旧文件。

6. 友好的界面

要求有友好的操作界面，以上功能都能在界面中以适当的形式体现并方便地操作。

相关函数原型：

```
int showsel();
```

功能：清屏并显示功能选项以及返回选项的序号。

7. 文件结构

前 4 字节存放记录个数(即不同书的数量 bkcount，int 型)，这 4 个字节之后的内容是每个不同的书具体信息记录，即用来存放 bk 数组的所有有效数据。

8. 其他相关功能

该模块可以自由发挥，补充完美自己的设计。可以实现其他相关功能，如增加登录验证、图书排序等。

五、设计成果

1. 主菜单界面

主菜单界面，如图 11-2 所示。

图 11-2　图书查询系统界面

2. 图书信息界面

选择菜单选项 1 后，显示图书信息界面，如图 11-3 所示。

2019南院图书出入库管理系统

书号	书名	作者	价格	出版社	库存册数
201901	几何原本	欧几里得	58.0	江苏人民出版社	2
201902	物种起源	达尔文	39.8	新世界出版社	3
201903	蛙	莫言	37.0	浙江文艺出版社	6
201904	活着	余华	28.0	作家出版社	8
201905	时间的答案	卢思浩	45.0	北京联合出版有限公司	4
201906	贸易的冲突	欧文	168.0	中信出版社	4

返回上一级菜单请按任意键!

图 11-3　图书信息界面

3. 图书入库界面

选择菜单选项 2 后，进入图书入库界面，会出现以下几种情况。

(1) 书号已存在，如图 11-4 所示。

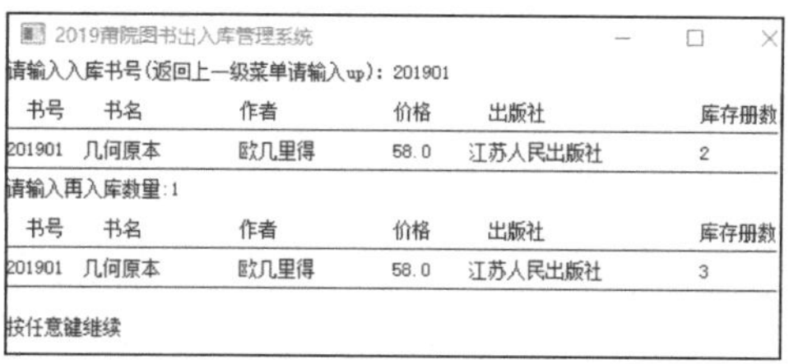

图 11-4　图书入库界面(书号已存在)

(2) 书号不存在。需要调用添加图书函数，添加新的图书详细信息，如图 11-5 所示。(图 11-5 功能有待补充)。

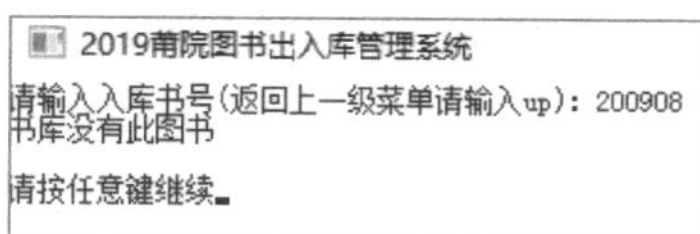

图 11-5　图书入库界面(添加新图书信息)

实现图书入库的关键代码：

```
XXXXXXXXXXXXXXXXXXXXXXXXXXXXXXXXX
```

4. 图书出库界面

选择菜单选项 3 后，进入图书出库界面，会出现以下几种情况。

(1) 书号已存在，且库存册数充足，出库成功后，库存册数大于 0，如图 11-6 所示。

(2) 书号已存在，出库成功后，库存册数为 0，需调用删除图书函数，如图 11-7 所示(图 11-7 功能有待补充)。

(3) 书号已存在且库存册数不足，出库失败，如图 11-8 所示。

(4) 书号不存在，出库失败，如图 11-9 所示。

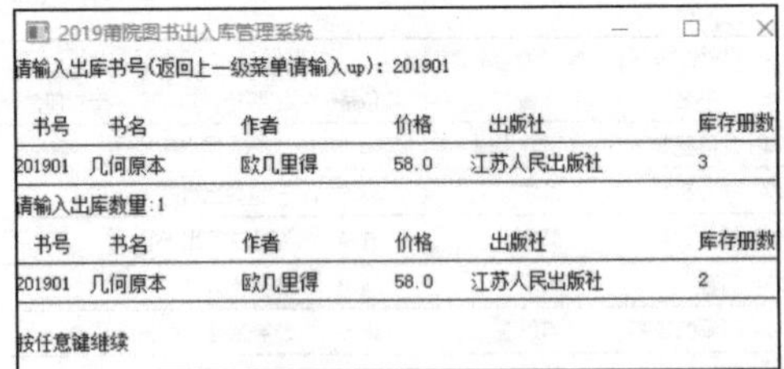

图 11-6　图书出库界面 1

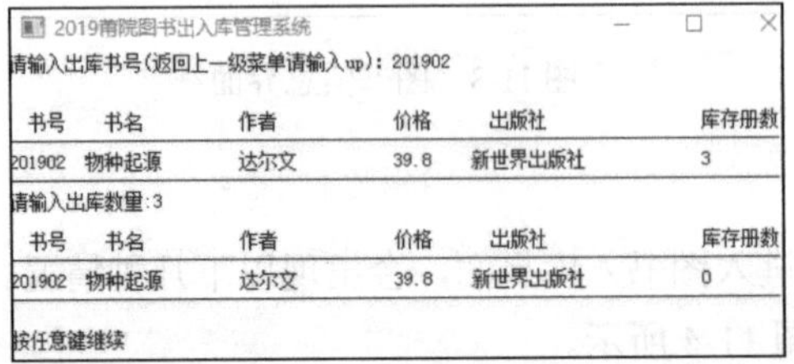

图 11-7　图书出库界面 2(删除库存册数为 0 的图书信息)

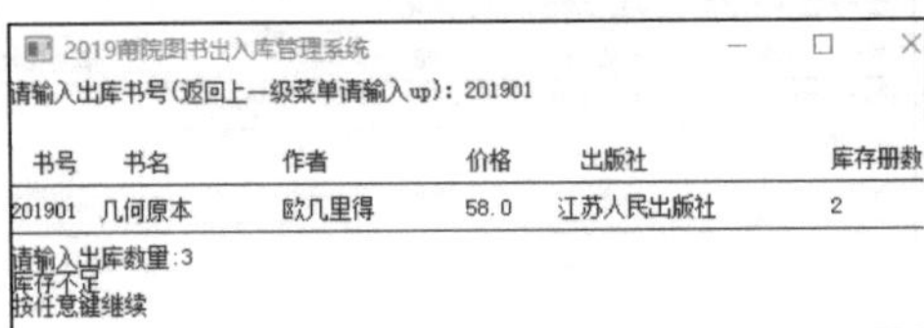

图 11-8　图书出库界面 3

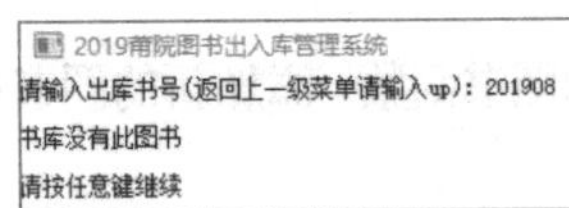

图 11-9　图书出库界面 4

5. 图书信息查询界面

选择主菜单选项 4 后，进入图书信息查询界面，如图 11-10 所示。

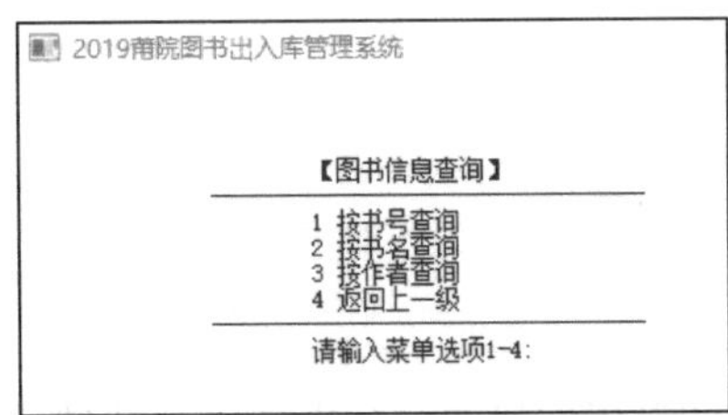

图 11-10　图书查询系统界面

选择查询选项 1，则按书号查询，如图 11-11 所示。

```
2019南院图书出入库管理系统
请输所要查询书号(返回上一级菜单请输入up)：201904
书号    书名    作者    价格    出版社      库存册数
201904  活着    余华    28.0    作家出版社  8

按任意键继续查询
```

图 11-11　按书号查询界面

选择查询选项 2，则按书名查询，如图 11-12 所示。

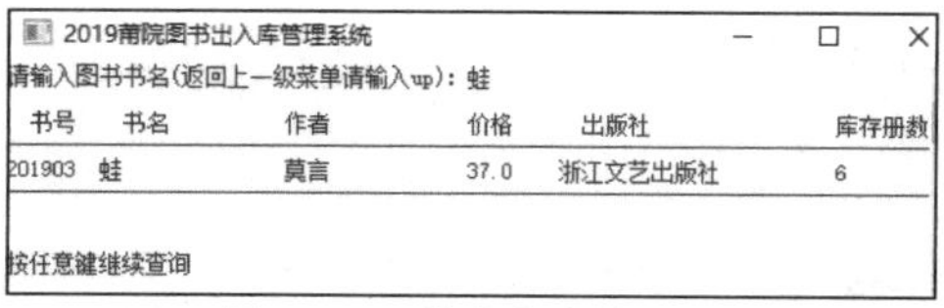

2019南院图书出入库管理系统
请输入图书书名(返回上一级菜单请输入up)：蛙

书号	书名	作者	价格	出版社	库存册数
201903	蛙	莫言	37.0	浙江文艺出版社	6

按任意键继续查询

图 11-12　按书名查询界面

选择查询选项 3，则按作者查询，如图 11-13 所示。

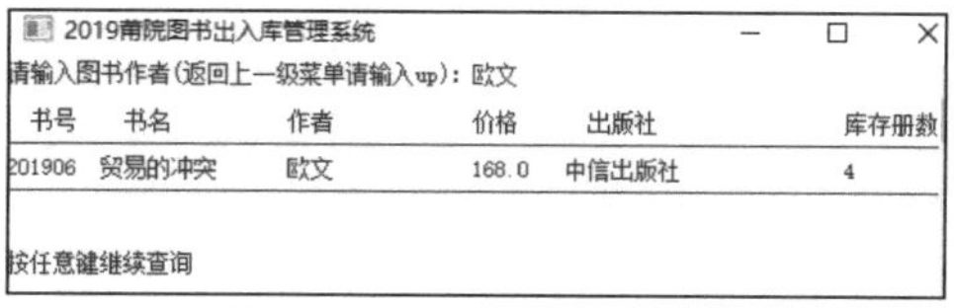

2019南院图书出入库管理系统
请输入图书作者(返回上一级菜单请输入up)：欧文

书号	书名	作者	价格	出版社	库存册数
201906	贸易的冲突	欧文	168.0	中信出版社	4

按任意键继续查询

图 11-13　按作者查询界面

六、部分参考源代码

```
#include<stdio.h>
#include<stdlib.h>
#include<string.h>
#include <conio.h>
typedef struct book
  {   char sn[8];
      char name[30];
      char author[12];
      float price;                    //价格
      char press[21];
      char pressdate[9];
      int num;                        //库存量
  }BOOK;
  // 定义结构类型 BOOK，成员分别为：书号，书名，作者，价格，出版社，出版日期，库存量
BOOK bk[100]={   "201901","几何原本","欧几里得",58.0,"江苏人民出版社","20000101",2,
                 "201902","物种起源" ,"达尔文",39.8,"新世界出版社","20000101",3,
                 "201903","蛙","莫言" ,37.0,"浙江文艺出版社","20000101",6,
                 "201904", "活着","余华" ,28.0,"作家出版社","20000101",8,
                "201905", "时间的答案" ,"卢思浩",45.0,"北京联合出版有限公司","20000101",4,
                "201906", "贸易的冲突" ,"欧文",168.0,"中信出版社","20000101",4,
          };
int bkcount=6;

void display(int j)
{    printf("\n");
     printf("    书号\t");printf("书名\t\t");printf("作者\t");printf("价格\t");
     printf("\t 出版社\t\t");printf("出版日期");printf("    库存量\n");
     printf("---------------------------------------------------------------------------\n");
     printf("%s\t",bk[j].sn);
```

```
        printf("%-12s",bk[j].name);
        printf("%-8s",bk[j].author);
        printf("%8.1f\t",bk[j].price);
        printf("%-21s",bk[j].press);
        printf("%10s\t",bk[j].pressdate);
        printf("%4d\n",bk[j].num);
        printf("--------------------------------------------------------------------------\n");
}

/*   图书清单实现代码   */
void booklist(){
  int i;
  printf("   书号\t");printf("   书名\t\t");printf("作者\t");printf("价格\t");
  printf("\t 出版社\t\t");printf("出版日期");printf("   库存量\n");
  printf("--------------------------------------------------------------------------\n");
  for(i=0;i<bkcount;i++)
  { printf("%s\t",bk[i].sn);
     printf("%-12s",bk[i].name);
     printf("%-8s",bk[i].author);
     printf("%8.1f\t",bk[i].price);
     printf("%-21s",bk[i].press);
     printf("%10s\t",bk[i].pressdate);
     printf("%4d\n",bk[i].num);
     printf("--------------------------------------------------------------------------\n");
  }
  printf("\n 返回上一级菜单请按任意键！");
  getch();
  system("cls");
}

 void savedata()
 {
   int i;
   FILE *p;
   if((p=fopen("outdata.txt","wb+"))==NULL){
      printf("can not open this file");
      return;
   }    //若打开文件失败，则直接返回 main 主函数，该函数后续代码则不执行
   fwrite(&bkcount,sizeof(int),1,p);
   fwrite(bk,sizeof(BOOK),bkcount,p);
      fclose(p);
 }
```

```
void readdata()
{ int i;
  FILE *p;
  if((p=fopen("indata2.txt","rb"))==NULL){return; }
          //若打开文件失败，则直接返回 main 主函数
  //fread(&bkcount,sizeof(int),1,p);  //读取 1 个数据项长度为 sizeof(int)字节，存储到变量 bkcount 中
  for(i=0;i<bkcount;i++){
     fread(&bk[i],sizeof(BOOK),1,p);
  }   //读取 1 个数据项长度为 sizeof(BOOK)字节，存储到变量 bk[i]中
  fclose(p);
}


/*  图书入库实现代码  */
void bookin(){
  char i[30];int j,k,exist=0;
  printf("请输入入库书号(返回上一级菜单请输入 up)：");
  scanf("%s",&i);
  if(strcmp(i,"up")==0) {system("cls");return;}
     for(j=0;j<bkcount;j++)
{ if(strcmp(i,bk[j].sn)==0)
     { display(j);
        printf("请输入再入库数量:");
        scanf("%d",&k);
        bk[j].num=bk[j].num+k;
        display(j);
        printf("\n 按任意键继续");
        getch();
        system("cls");
        exist=0;
        system("cls");
        savedata();
        bookin();
     }
}  if(exist==0)
  { printf("书库没有此图书\n");
    printf("\n 请按任意键继续");
    getch();
    system("cls");
  }
   system("cls");
   savedata();
   bookin();
```

```
}

/*   图书出库实现代码   */
void booksale()
{    char i[30];int j,n,exist=0;
     printf("请输入出库书号(返回上一级菜单请输入 up): ");
     scanf("%s",i);
     printf("\n");
     if(strcmp(i,"up")==0) {system("cls"); return;}
     for(j=0;j<bkcount;j++)
     {  if(strcmp(i,bk[j].sn)==0)
          {    display(j);
               printf("请输入出库数量:");
               scanf("%d",&n);
               if(n<=bk[j].num)
               {  bk[j].num=bk[j].num-n;
                  display(j);
                  printf("\n 按任意键继续");
                  getch();
                  system("cls");
               }
               else
               {  printf("库存不足");
                  printf("\n 按任意键继续");
                  getch();
                  system("cls");
                  savedata();
                  booksale();
                  exist=0;
               }
               system("cls");
               savedata();
               booksale();
        }
     }
     if(exist==0)
     {printf("书库没有此图书\n");
     printf("\n 请按任意键继续");
     getch();
     system("cls");
     system("cls");
     savedata();
     booksale();
```

```
    }
}


void booksnfind()
{    char i[30];
     int j,k,exist=0;
     printf("请输所要查询书号(返回上一级菜单请输入 up)：");
     scanf("%s",&i);
     if(strcmp(i,"up")==0) {system("cls");return;}
     for(j=0;j<bkcount;j++)
    {   if(strcmp(i,bk[j].sn)==0)
       {   display(j);
          printf("\n\n 按任意键继续查询");
          getch();
          system("cls");
          exist=0;
          system("cls");
          savedata();
          booksnfind();
       }
    }
   if(exist==0)
   { printf("书库没有此图书\n");
    printf("\n 请按任意键继续查询");
    getch();
    system("cls");
    savedata();
    booksnfind();
   }
}

/*      按书名查询图书      */
void booknamefind()
{   char i[50];
    int j,exist=0;
    printf("请输入图书书名(返回上一级菜单请输入 up)：");
    scanf("%s",&i);
    if(strcmp(i,"up")==0) {system("cls");return;}
    for(j=0;j<bkcount;j++)
      if(strcmp(i,bk[j].name)==0)
      { display(j);
        printf("\n\n");
```

```
            printf("按任意键继续查询");
            getch();
            system("cls");
            exist=0;
            system("cls");
            savedata();
            booknamefind();
          }
    if(exist==0)
      { printf("书库没有此图书\n");
        printf("\n 请按任意键继续查询");
        getch();
        system("cls");
        savedata();
        booknamefind();
      }
    }

    /*      按作者查询图书      */
    void bookauthorfind()
    {    char i[30];
         int j,exist=0;
         printf("请输入图书作者(返回上一级菜单请输入 up): ");
         scanf("%s",&i);
         if(strcmp(i,"up")==0) {system("cls");return;}
         for(j=0;j<bkcount;j++)
           if(strcmp(i,bk[j].author)==0)
             { display(j);
               printf("\n\n");
               printf("按任意键继续查询");
               getch();
               system("cls");
               exist=0;
               system("cls");
               savedata();
               bookauthorfind();
             }
     if(exist==0)
        {    printf("书库没有此图书\n");
             printf("\n 请按任意键继续查询");
             getch();
             system("cls");
             savedata();
```

```
            bookauthorfind();
        }
    }

    void bookfind(){
      int num1;
      do{
      printf("\n\n\n");
      printf("\t\t\t【书店查询图书信息】\n");
      printf("\t\t----------------------------------\n");
      printf("\t\t\t1  按书号查询             \n");
      printf("\t\t\t2  按书名查询             \n");
      printf("\t\t\t3  按作者查询             \n");
      printf("\t\t\t4  返回上一级             \n");
      printf("\t\t----------------------------------\n");
      printf("\t\t\t 请输入菜单选项 1-4:");
      scanf("%d",&num1);
      system("cls");
      switch(num1){
         case 1:booksnfind();break;
         case 2:booknamefind();break;
         case 3:bookauthorfind();break;
         case 4:return;
         default:printf("选项错误！按任意键继续！ ");
         getch();
        system("cls");
      }
    }while (num1);
    }


    int main()
    {
         system("title C 语言课程设计");          //设置 cmd 窗口标题
         system("color F4");                      //设置系统的背景色和前景色 00~FF
         readdata();
         int num;
         do
         {
         printf("\t\t201909C 语言课程设计\n\n");
         printf("\t\t 设计者: 电商 181 XXXXXX\n");
         printf("\n\t\t");system("date/t");
         printf("\n\t\t");system("time/t");
```

```
        printf("\t--------------------------------\n");
        printf("\t\t 莆院图书管理系统              \n");
        printf("\t--------------------------------\n");
        printf("\t|\t1. 图书清单                  |\n");
        printf("\t|\t2. 图书入库                  |\n");
        printf("\t|\t3. 图书出库                  |\n");
        printf("\t|\t4. 图书查询                  |\n");
        printf("\t|\t5. 退出系统                  |\n");
        printf("\t--------------------------------\n");
        printf("\t 请选择菜单选项 1~5: ");
        scanf("%d",&num);
        //设置菜单，通过 num 来选项
        switch(num)
        {
            case 1:system("cls");booklist();break;
            case 2:system("cls");bookin();break;
            case 3:system("cls");booksale();break;
            case 4:system("cls");bookfind();break;
            case 5:exit(0);break;
            default:system("cls"); printf("选项错误！按任意键继续！");getch();system("cls");
        }
    }while(num);

}
```

参 考 文 献

[1] 谭浩强. C 程序设计[M]. 3 版. 北京：清华大学出版社，2005.

[2] 叶东毅. C 语言程序设计教程[M]. 2 版. 厦门：厦门大学出版社，2014.

[3] 叶东毅. C 语言程序设计学习指导[M]. 2 版. 厦门：厦门大学出版社，2014.

[4] 邹金安. 面向对象程序设计与 Visual C++6. 0 教程[M]. 厦门：厦门大学出版社，2009.

[5] 李少芳，车艳. 面向对象程序设计与 MFC 编程案例教程[M]. 厦门：厦门大学出版社，2018.

[6] 李少芳. 面向对象程序设计与 MFC 编程实验指导[M]. 厦门：厦门大学出版社，2018.

[7] 汪名杰，尹静，郝立. C++答疑解惑与典型题解[M]. 北京：北京邮电大学出版社，2010.

[8] 杨明莉，刘磊. C/C++程序设计基础与实践教程[M]. 北京：清华大学出版社，2014.

[9] 全国计算机等级考试命题研究组. 全国计算机等级考试超级题库——二级 C++语言程序设计[M]. 北京：北京邮电大学出版社，2015.